GORDOS... DE ESPERANZA
(toma las riendas de tu cuerpo)

Francisco Javier Maravall Royo

Edición de Francesca Cañas

© 2013 Francisco Javier Maravall Royo
Depósito legal: V-120-13
ISBN: 978-1-291-69522-9

Fotografía de portada: © 2013 Amanda Irigoyen

Quedan prohibida, salvo excepción prevista en la ley, cualquier forma de reproducción, comunicación pública y transformación de esta obra sin la autorización previa y por escrito de los titulares de la propiedad intelectual. La infracción de los derechos mencionados puede ser constitutiva de delito contra la propiedad intelectual (arts. 270 y ss. Código Penal).

A mis hijos, Miriam y Javier.

Índice

Prólogo — 7

1. Cambiar, ¿obligación o deseo? — 11

2. Contemplando la posibilidad de cambiar — 59

3. Empezando a ver la luz — 107

4. En plena rutina del cambio — 145

5. Consolidando objetivos — 175

6. Recogiendo lo sembrado — 219

7. En disposición de perseverar — 251

La historia de:

Juan	13, 61, 109, 147, 177, 221, 253
Laura	17, 65, 111, 149, 181, 225, 255
Berta	21, 69, 113, 151, 185, 227, 257
Jaime	25, 73, 189
Leo	29, 77, 117, 155, 191, 229, 261
Germán	31, 81, 121, 157, 195, 233, 265
Elvira	37, 85, 199
Lorena	41, 89, 125, 161, 203, 235, 269
Adelaida	47, 93, 129, 165, 207, 239, 275
Magda	51, 97, 133, 169, 211, 243, 279
Álvaro	55, 103, 137, 171, 217, 247, 281

Prólogo

Apreciado lector, bienvenido a este libro, fruto de mi experiencia profesional como endocrinólogo. Si te aventuras en sus páginas, lo que encontrarás no será del todo convencional. Aunque el trasfondo sí lo sea.

Encontrarás fragmentos de las vidas de personas como tú, como yo, como tu vecino, tu prima, tu pareja... incluso tu jefe. Cada uno con sus problemas, sus rutinas, sus miedos y sus alegrías. Como ya imaginarás, Álvaro no existe, ni Laura, ni Berta... no son más, ni menos, que amalgamas de los muchos pacientes que he conocido en el desarrollo de mi actividad asistencial. Para mí son muy reales. Lo que tengan de real para ti, sin duda, se lo acabarás poniendo tú.

Todos tienen en común algo cada vez más frecuente en nuestro entorno: el exceso de peso y, sobre todo, su deseo de cambiarlo. Pero, lamentablemente, el deseo no es suficiente. La pasividad ante la necesidad de cambiar sólo genera frustración, al no conseguir el objetivo al que aspiramos. Y ese "no hacer nada" que nos ayude a cambiar una situación que nos perjudica, es algo que a veces repetimos de forma incesante en nuestra vida. Nos preocupamos, pero no nos ocupamos y ese hecho resulta, además de inútil, agotador.

El problema es que el esfuerzo por cambiar, y mantener el cambio, es un camino de largo recorrido... De hecho, es una forma de afrontar la vida. Si ponemos en marcha medidas de corta duración, el resultado será de corta duración. Si buscamos una solución milagrosa, la probabilidad de encontrarla será nula. Si esperamos encontrar algo en nuestro organismo que no nos funcione bien, que cause (y justifique) nuestra situación, lo encontraremos en un reducido número de ocasiones.

La cuestión es ¿por qué no siempre somos capaces de modificar de forma permanente los hábitos que nos resultan nocivos? Probablemente, porque hacemos lo que nos gusta, dentro de las posibilidades de nuestro entorno. Aunque temporalmente consigamos cambiar nuestras costumbres, mejorarlas, evitar los riesgos..., progresiva o súbitamente (si nos vemos envueltos en una situación de estrés), volveremos a la comodidad de hacer lo que nos satisface, aún a sabiendas de que ello implique riesgos e insatisfacción permanente.

Nadie debería olvidar que los hábitos que generan el sobrepeso no son los únicos que resultan perjudiciales. Absolutamente todos tenemos nuestros mecanismos, a veces nocivos, para protegernos de la tristeza, la ansiedad o simplemente para obtener una satisfacción rápida que nos haga olvidar nuestras pequeñas frustraciones cotidianas, pero sus consecuencias pueden no ser tan evidentes a los ojos de los demás. Dejemos de juzgar al otro, y analicemos primero nuestro propio comportamiento. Recuerda el sufrimiento de algunos de los personajes de este libro, cuando los reconozcas en la vida real.

Por eso te propongo que tomes las riendas de tu cuerpo y de tu vida. Que dejes de buscar la solución fuera de ti mismo y te plantees seriamente modificar tus rutinas. De forma moderada, con flexibilidad, sin heroísmos, con perseverancia...

Mi mensaje pretende ser positivo, pero también realista. Si es cierto que algunos fracasan, también lo es que muchos consiguen llegar a la meta con éxito. En infinidad de ocasiones he visto la decepción en la cara de mis pacientes, cuando no les puedo ofrecer una solución rápida o sencilla. A veces su desesperanza les ha llevado a abandonar y dejar de acudir a la consulta. Pero, del mismo modo, he percibido la alegría de aquellos que han sido capaces de controlar su cuerpo y, de alguna manera, han aprendido a quererse un poco más.

Algunos de los personajes de este libro han fracasado en el intento, bien porque no estaban atravesando por el momento adecuado para cambiar, bien porque no entendieron que debían cambiar también otras actitudes más profundas, muy arraigadas en su personalidad, para poder conseguir lo que pretendían. Si te identificas con alguno de ellos no desesperes, fíjate en las actitudes y pensamientos de los que sí lo lograron, e intenta pasar de la etapa contemplativa a la acción.

Te invito a que leas el libro de principio a fin, al menos la primera vez... y que luego lo consultes con frecuencia, si decides tú también emprender el camino de tomar las riendas de tu cuerpo y de tu salud. El proceso del cambio no aparece de forma espontánea, sino progresiva. Opino que una primera lectura ordenada puede resultar más eficaz para crearte un clima propicio, pero mi intención al escribirlo ha sido que también te ayude a perseverar en el esfuerzo por conseguir el objetivo de perder peso. Pero eso, como todo en esta vida, debes ser tú quien lo decida.

¡Buena suerte!

Francisco Javier Maravall

1 | Cambiar, ¿obligación o deseo?

Juan

Mientras Adela corría por el pasillo del hospital, no dejaba de pensar en lo que le habría ocurrido a Juan. La empleada de admisiones que le avisó por teléfono sólo le dijo que había tenido un "pequeño" accidente de coche, que estaba en Urgencias, pero que estaba bien. Esto la tranquilizó un poco, aunque le inquietaba la idea de que, si estaba bien, ¿por qué no le había llamado él mismo?

- ¡Juan! –exclamó al entrar en el box de Urgencias– ¿Estás bien? –se acercó a la camilla donde descansaba su marido, con el corazón encogido. Llevaba un collarín, una mascarilla de oxígeno, un gotero en el brazo derecho y una especie de pinza cogida al índice derecho, unida a una pequeña pantalla que marcaba un "96%". Juan parecía dormido, pero al escuchar a Adela abrió los ojos y se retiró la mascarilla con la mano izquierda.

- Hola cariño –dijo Juan, al tiempo que su mujer le besaba en la mejilla.

- ¿Cómo estás?, ¿qué te ha pasado? –repitió ella, fijándose en que tenía el ojo derecho amoratado y dos puntos de sutura en la ceja.

- Tranquila, estoy bien. Ha sido un golpe de nada. Un energúmeno, que me embistió por detrás en la Gran Vía, menos mal que íbamos a poca velocidad.

- ¿Un golpe de nada?, entonces, ¿por qué te han traído a Urgencias? – contestó recelosa Adela–, ¿y por qué te han puesto todos esos aparatos?

- No lo sé –dijo Juan intentando restarle importancia al asunto–. Ya sabes cómo son los médicos, exageran por todo –mientras acababa la frase, intentó incorporarse en la camilla, pero una sensación de mareo le hizo volver a recostarse.

- Voy a hablar con tu médico –el tono de voz de Adela era una mezcla de preocupación, alivio y también enfado. Sabía que su marido quería ocultarle lo que había ocurrido, e intuía que no era el mejor momento para interrogarle.

- Soy la Dra. Reyes —dijo la médico mientras estrechaba la mano de Adela. Parecía cansada. De edad indefinida, tenía aspecto de ser amable, aunque de pocas palabras. Casi de inmediato se sintió inclinada a confiar en ella— Su marido ha sufrido un accidente de tráfico, al parecer iba circulando despacio cuando invadió el carril de la izquierda y el coche que circulaba tras él, a mayor velocidad, lo golpeó por el lateral.

- ¿Invadió otro carril?, ¿sin poner el intermitente? —respondió extrañada.

- En realidad… sospecho que su marido se durmió —dijo la médico con voz suave, pero firme.

- ¿Se durmió?, no entiendo nada —Adela se sentía un poco confusa. De nuevo intuía que la doctora quería decirle algo más importante.

- ¿Su marido ronca? —preguntó.

- Pues… ¡cómo una locomotora! —Adela notó cómo se sonrojaba, pero le había salido del alma—. Llevo años diciéndoselo, pero no me hace caso, ¡es muy tozudo!

- Pienso que su marido tiene un síndrome de apneas del sueño —prosiguió la doctora—, esto hace que el descanso nocturno sea poco reparador, provocando cefalea matutina …

- La verdad es que habitualmente toma analgésicos, sobre todo por las mañanas —le interrumpió Adela.

- … y también empeora la hipertensión arterial —continuó diciendo la médico.

- ¿La hipertensión? —preguntó Adela, como para sí misma.

- Cuando trajeron a su marido a Urgencias —continuó— estaba a 180/110 de tensión arterial, ¿no sabían que era hipertenso?

- Llevo mucho tiempo pidiéndole que vaya al médico de cabecera a hacerse una revisión, pero no me escucha, ¡ya le he dicho que es tozudo como él sólo! —se defendió Adela.

- Bueno, no se culpe —afirmó conciliadora la médico— además en la analítica le hemos encontrado la glucosa alta, es cierto que no estaba en ayunas, pero debería seguir control médico. En definitiva, todo esto tiene relación con la obesidad, que es el problema principal. He solicitado una primera visita para la unidad del sueño. Antes de irse deberían pasar por el mostrador de programación. También deberían solicitar visita para el endocrinólogo, debe controlarse la glucosa y, sobre todo, perder peso.

- Entonces, ¿le va a dar el alta? –preguntó Adela con cierto temor– ¿y el collarín?

- Estoy pendiente del informe de la tomografía craneal –dijo la doctora, empezando a alejarse por el pasillo–, si todo está correcto, se lo podrá llevar a casa. En el informe de alta tendrá las instrucciones con respecto al collarín y los analgésicos. Y no lo deje conducir, esta vez no ha habido nada importante que lamentar, pero la próxima vez podría ser peor…

Laura

No la soporto más. No la aguanto. No quiero volver a verla, ni a ella ni las anormales de mis hermanas. ¿Qué he hecho para merecer esta madre? ¿Qué he hecho yo para merecer esta familia? ¿Cuándo voy a salir de esto? No tengo solución. Seguiré así para siempre. Siempre seré la rara, la solitaria, la gorda, la difícil, la que da disgustos a su familia, la que pelea. Conmigo no se puede hablar, no se puede razonar, siempre quiero discutir. Soy la soberbia, la orgullosa, la irascible, la problemática. Ellas son perfectas, ordenadas, felices, sin complejos. ¡Y una mierda! Están más taradas que yo, pero ni siquiera se dan cuenta. Son malas, envidiosas, falsas, traicioneras. Las odio. No quiero saber nada más de ellas. Nunca más. Esta vez lo haré. No las llamaré más. No pienso ayudarles nunca más, nunca. La tía obesa no volverá tampoco a hacer de canguro. Así me lo pagan. Yo no les pido favores, en cambio ellas a mí...

Y mamá siempre se pone de su lado. Esa es la peor. Ella es la culpable de todo. Las ha criado como lo que son, unas muñequitas. Claro que ellas son guapas y con clase. No como yo, no señor. Se creen que por tener una tienda de moda son tan pijas como sus clientas. Si no fuese por sus maridos se morirían de hambre. Yo no pertenezco a su mundo. No encajo. Trabajo limpiando culos en el hospital. No tengo glamour. Mamá las ha hecho así, y además le gustan. Yo no. Yo le salí rana. Soy como mi abuela paterna, ya lo sé. Lo peor que podía pasar ¡ser como la abuela! Me lo ha dicho tantas veces. Terca, intratable, grosera. Lo sé. Quizá lo merezco. Como mi abuela, maldita bruja. Pobre papá. Se escapó de su madre para caer con mamá. Qué desgracia. Siempre apretado, asfixiado, dominado. Qué bueno era. ¡Cómo te echo de menos, papá! Descansaste con el infarto, lo vi en tus ojos. Sí, descansaste cuando te fuiste. Y me dejaste sola. Sola con ellas. Te odio por ello.

- Hola Laura —el vecino del cuarto le sostuvo la puerta mientras salía del portal con su hija en brazos—. ¿Estás bien? —le preguntó al darse cuenta de que estaba llorando.

- Sí, sí, no es nada –acertó a decir Laura, completamente avergonzada. Paró en seco y dio media vuelta. Se dirigió apresuradamente al supermercado.

No me lo puedo creer. Era él. Sólo me lo podía encontrar a él. En el estado en que estaba... Es la segunda vez que me ve llorar. Siempre tropiezo o se me cae algo cuando lo veo. No sé qué pensará. Supongo que lo mismo que todos. Que estoy loca. Que soy rara. Él es tan guapo. Y divorciado. Es tan cariñoso con su hija. Seguro que es un padre excelente. Yo sería una madre horrorosa, peor que la mía. Una tarada. Cómo voy a ser madre si no soy capaz de cuidar ni de mí misma. Es tan amable. Pero no tengo nada que hacer. Seguro que si me dirige la palabra es solo por educación. ¿Cómo sabrá mi nombre? Mi madre, seguro. Fijo que le ha hablado de mí. Como si lo viera. En el rellano intentando coquetear con él. Tiene 58 años pero se cree muy joven. Qué patética es. Casi tanto como yo. Él nunca se fijaría en mí. Con granos y pelos en las patillas. Pelos no, cerdas. Y estas caderas.

Me encuentro fatal. Lo he vuelto a hacer. Me lo he comido todo. Todo lo que he comprado. Soy una puerca. Soy de lo peor. Me merezco todo lo que me pasa. Lloro por segunda vez hoy. Lloro de pena, de rabia, de autocompasión. Me detesto a mí misma. Entiendo que mi familia me odie. Es normal. Yo también odiaría a una persona como yo. Me duele el estómago. Estoy hasta arriba. Quiero vomitar. Necesito vomitar. Quiero sacar todo eso de mi cuerpo. No quiero que se quede. Es repugnante. Soy repugnante. Vomitar...

Una vez más estoy tumbada en el suelo del baño. Con la cabeza recostada en la alfombrilla. Esta escena ya no es una novedad. Si me viera mi madre. Suerte que al morir la abuela me subí a vivir aquí. Mamá vive dos pisos más abajo, pero al menos tengo intimidad. Ella quería vender el piso e invertir el dinero en la tienda de mis hermanas. Pero yo me negué. Por una vez me salí con la mía. Creo que mis hermanas me odian más por eso. No me importa. Me odiaban ya antes. Al fin y al cabo les pago un pequeño alquiler, el piso es de las tres. Es horrible el sabor que te queda en la boca después de vomitar. Me siento sucia. ¿Podría besarle después de hacer esto? Él también me odiaría si me conociese. Pero eso nunca pasará, porque ni siquiera se fija en mí. ¿Cómo sabrá mi nombre?. No puedo más. Necesito ayuda.

- Ven Laura, vamos al despacho –le dijo Merche, mientras sacaba una bolsa de la taquilla.

- Voy, apunto la diuresis de estos pacientes y voy para allí –contestó Laura.

Merche era auxiliar de enfermería, igual que ella. Tenía veinte años más, pero habían congeniado durante aquellas semanas de trabajo. Al quedarse viuda solicitó el turno de noche, pagaban un poco mejor y además, le permitía ayudar a su hija con la tienda durante el día.

- Mira, he hecho esta tarta de queso, me sale buenísima, y mis famosas empanadillas de bonito –le estaba diciendo Merche a Mari, la enfermera, cuando entró Laura en el despacho.

- Pues yo he traído estas magdalenas del pueblo, las mejores del mundo –respondió Mari.

- Estoy muerta –dijo Laura, dejándose caer en la silla–, nunca me acostumbraré al turno de noche.

- Claro que sí –respondió Merche–, ya verás cuando tengas mi edad. Toma, prueba las empanadillas.

- No gracias –contestó Laura ligeramente ruborizada–, estoy a dieta.

- Tú siempre estás a dieta, pero no se te nota –dijo Mari.

- Deja en paz a la chica –intervino agria Merche– tú si que deberías ponerte a dieta, que el culo no te cabe en la silla.

En ese momento apareció la médico de guardia. Venía a ver al paciente que habían bajado de la UCI. Mari se fue con ella a la habitación.

- No te molestes por lo que ha dicho –dijo Merche– Mari es buena persona, un poco bruta a veces, ya sabes lo que ocurre cuando una mujer trabaja siempre rodeada de mujeres, nos volvemos un poco ruines, en cambio los hombres compiten. ¡Qué se le va a hacer! –cogió la segunda empanadilla–. Está enfadada porque la supervisora ha destinado esta noche a la otra enfermera a reforzar Urgencias y tiene toda la planta para ella sola.

- No pasa nada –respondió Laura, intensamente sonrojada–. Si en realidad tiene razón. En cuatro años he ganado veinte quilos. Siempre estoy a dieta, pero siempre hago algo para que todo salga mal. En realidad no sé por qué te estoy contando esto. Es algo de lo que nunca hablo con nadie –Laura intentó contenerse, no quería echarse a llorar.

- ¿Sabes? –empezó a decir Merche–, me recuerdas un poco a mi hija. Eres eficiente en tu trabajo, amable con los pacientes y puntual…

- ¿Yo? –Laura no podía dar crédito a que alguien estuviese hablando bien de ella.

- … pero eres muy rígida, demasiado introvertida. Te lo guardas todo dentro, y no tengo ni idea de cómo lo debes sacar fuera. Eso no es bueno.

- Yo, no sé… –ahora Laura lloraba abiertamente, y miraba con ansiedad la puerta del despacho.

- No te preocupes, Mari todavía tardará, el paciente está muy mal y esa doctora es muy pejiguera. ¿Por qué no pides consulta aquí en el hospital? hay médicos muy buenos.

- No, no quiero que se entere todo el mundo –respondió Laura contundente.

- ¿Y qué más te da? –preguntó Merche enseñando los dientes–. Pues consulta fuera de aquí, pero ¡haz algo! No pensaba que estuvieras tan mal.

- Ya fui hace tiempo a varios médicos –dijo Laura secándose las lágrimas con la manga–, te dan un papel con la dieta y esperan sentados a que tú la hagas. ¡Nadie me entiende!

- ¿Qué te crees? –dijo Merche dándole una servilleta de papel–, ¿que te van a poner un perro policía para que te persiga todo el día? Mira, o me prometes que consultarás, o te pido yo visita mañana mismo.

- Está bien –dijo Laura claudicando. Sabía que debía hacer algo. Se sentía en una situación límite–, lo intentaré de nuevo.

Berta

Berta marcó el número de teléfono de su hijo en su nuevo móvil. Era demasiado moderno para ella. Prefería un teléfono con botones, donde las teclas se correspondieran con un número o una letra. Detestaba esa pantalla lisa de cristal. Aquel aparato le hacía sentir vieja y torpe. No debería haberle hecho caso al vendedor, pensaba devolverlo.

- ¿Mamá? – sonó la voz de su hijo.

- Hola hijo – dijo Berta.

- Mamá, perdona pero en dos minutos tengo una reunión.

- Ya hijo, pero necesito saber si vendréis el domingo a comer –dijo Berta sin inmutarse por la actitud de su hijo.

- ¡Mamá!... no lo sé ahora. Pregúntale a Cristina. Llámala a ella.

- Manuel, hijo, si quisiera hablar con tu mujer, no te estaría llamando a ti – Berta mantenía ese tono de voz neutro que tanto molestaba a su hijo.

- Lo siento mamá, ya hablaremos. No sé… iremos, no te preocupes. Adiós. Lo siento –y colgó.

Berta estaba satisfecha. Había conseguido lo que quería. Sabía que su nuera haría todo lo posible para no acudir a la comida familiar. Pero ahora su hijo se había comprometido y no podría echarse atrás. En ese momento entró Julián, su marido, con un café. Hacía pocos meses que se había jubilado, después de trabajar durante 40 años en el banco.

- ¿Con quién hablabas? –le preguntó, sentándose a su lado en la mesa de la salita.

- Con tu hijo mayor, era el único que me faltaba por confirmar para la comida del domingo –respondió Berta.

- ¿Y vendrán? –preguntó él mirándola de medio lado.

- Por supuesto.

- Lo que tú no consigas… –Julián decidió no entrar en polémica con su mujer, sabía que era una batalla perdida–. ¿Has pedido visita para el endocrino?

- No necesito otro especialista –sentenció la mujer.

- Pero el traumatólogo te insistió ayer en que debías perder peso –le recordó Julián–. La artrosis de tus rodillas te lo agradecerá. Además, no piensa operarte de las caderas mientras tengas tanto sobrepeso.

- Sabes perfectamente que desde que me dejó de funcionar el tiroides engordé –se defendió Berta–, y no creo que eso vaya a cambiar.

- Sí, pero del tiroides ya hace mucho tiempo que estás en tratamiento, y quizá no sería mala idea consultar a un especialista.

- El doctor Martín me controla desde hace años, y está todo perfecto.

- Entonces no deberías tener problemas para perder peso –dijo Julián maliciosamente–, ¿no?

- Tú te crees que siempre lo sabes todo –respondió Berta, pasando a la ofensiva–, pero contigo no eres tan exigente. Tú no deberías tomar café, te va mal para la tensión.

- El médico dijo que el café no era tan importante –contraatacó él–, en cambio sí lo es la sal, evitar el sobrepeso y hacer ejercicio. Y eso es lo que hago desde hace meses. ¿Por qué no te vienes conmigo a jugar al golf?

- Sabes que mis piernas no me permiten esas caminatas –dijo Berta a modo de respuesta.

- Sí, pero si no te mueves nunca, cada vez las tendrás peor y ganarás más peso.

- Tú lo ves muy fácil –repuso Berta, empezando a molestarse–. A ti no te duelen las piernas cada vez que te mueves. Caminar es un suplicio, y tú no te lo crees. Me gustaría que te pasara a ti, entonces me entenderías.

- ¿Y qué piensas hacer? –preguntó Julián empezando a acalorarse–. Tú también tienes la tensión alta. Las rodillas hechas puré, las caderas para cambiar…. Y te sobran como 30 quilos, pero como te funciona mal el tiroides no piensas hacer nada. Ni siquiera comer menos... por si acaso te fuese bien.

- ¡Julián! —exclamó ella, ahora francamente enfadada—. Sabes que como muy poco. Tú me ves comer cada día. Nadie mejor que tú lo sabe.

- Sí, es verdad —asintió él—. Comes muy poco cuando te sientas a la mesa. Pero, ¿y el resto del día?, cuando haces la comida, ¿y por la tarde?, ¿y por la noche viendo la tele? Siempre te veo con algo en la boca.

- Resultas muy desagradable cuando te pones así —respondió Berta, reacia a claudicar—. Creo que no me entiendes. Ni me entiendes ni quieres hacerlo. Me encuentro mal. Me duelen las piernas. Me dan jaquecas por la tensión. Y a ti no parece importarte...

- Eso no es cierto —dijo Julián, poniéndose muy serio— Lo que pasa es que estoy cansado de tus subidas de tensión, y de acompañarte al médico. Te dicen que pierdas peso, que te irá bien para la tensión y para la artrosis, que te encontrarás mejor. Pero tú siempre te escudas en el tiroides, y en que estás permanentemente a dieta. Pero lo que yo pienso de verdad es que no haces ningún esfuerzo por cambiar. Que te gusta hacerte la víctima y que todos nos preocupemos por ti, y desde luego lo consigues. Que te compadezcamos porque el tiroides es la fuente de todas tus desgracias, pero yo pienso que es la excusa perfecta que tienes para hacer lo que te gusta, es decir, no hacer nada por cambiar ni por mejorar.

Se levantó enfurruñado y se fue de la habitación. Berta se quedó dolida por la perorata de su marido. Había algo de verdad en todo aquello. A él no podía engañarle después de tantos años. Quizá había llegado el momento de intentar algo, de cambiar, pero se sentía muy escéptica.

- El jueves de la semana que viene tengo visita —dijo Berta desde la puerta del despacho.

- ¡Oh! —articuló incrédulo Julián—. Me parece muy bien —dijo sonriendo.

Decidió no insistir en el tema. Su mujer había cambiado de opinión después de la discusión del día anterior. Sabía que ella se sentía humillada por haber tenido que transigir. No le iba a dar explicaciones, y él no se las iba a pedir. Se conocían bien después de tanto tiempo. Le parecía todo un logro que hubiese accedido voluntariamente a visitarse. Quizá esta vez sirviera para algo. Se resignó a acompañarla una vez más a otro médico. Deseó profundamente que éste le cayese bien, porque si no era así, tendría tema para criticar durante semanas. Empezó a notar una ligera presión en las sienes, solo de pensarlo.

Jaime

Jaime se acercó al coche rojo que pitaba intermitentemente, como cada noche al salir del trabajo. No entendía por qué Teresa tocaba siempre el claxon como una posesa, si él ya la estaba esperando en la puerta de la empresa y la veía venir perfectamente.

- Hola —saludó Jaime sentándose en el asiento del copiloto, dándole un beso a su pareja.

- Hola cariño —dijo Teresa con entusiasmo, poniendo el coche en marcha—. ¿Qué tal el día?

- Un coñazo —murmuró él, en su tono habitual, poniéndose el cinturón de seguridad.

- ¿Ya estás de mal humor? —preguntó Teresa pacientemente.

- No —contestó, un poco arrepentido de su entrada en el coche—, es el mismo rollo de siempre, la distribución de las tareas de reparación, que nunca es equitativo para todos, el papeleo luego aquí en fábrica... No te preocupes.

- Bueno, si quieres, luego me cuentas. ¿Qué te apetece que cojamos para cenar? —le preguntó Teresa mirando por el retrovisor exterior, para salir del polígono e incorporarse a la autovía.

- Pues... no sé —respondió taciturno—. Porque me han enviado por correo electrónico los análisis que me hice para el seguro médico... Ese que te empeñaste en que nos hiciéramos.

- ¿Y qué? —le animó a seguir hablando ella.

- Pues... los triglicéridos otra vez... —dijo Jaime mirando distraídamente por la ventanilla.

- ¿Los qué? —preguntó Teresa intrigada.

- La grasa en la sangre —explicó Jaime, con pocas ganas de hablar.

- ¿Y eso? —insistió Teresa, un poco molesta ya por la actitud hermética de Jaime.

- Pues nada —dijo él, con evidente esfuerzo—, la dieta y el sobrepeso... Al poco de separarme los tenía a más de quinientos, claro que también bebía mucha cerveza...

25

- Y ahora, ¿cómo los tienes? —quiso saber Teresa, aminorando la velocidad al entrar en la ciudad.

- Sobre cuatrocientos —respondió, sin dar más explicaciones.

- Pero, ¿eso es mucho? —interrogó Teresa alarmada, al tiempo que frenaba bruscamente en un semáforo.

- Pues... más del doble de lo que debería.

- Y todo lo demás, ¿está bien? —inquirió ella, poniendo de nuevo el coche en marcha.

- Lo de siempre —dijo Jaime queriendo quitarle importancia—, el ácido úrico, el colesterol, lo del hígado... las transaminasas esas.

- ¿Lo de siempre? —preguntó Teresa cada vez más preocupada—, ¿es que ya lo sabías?

- Bueno, hace más de dos años que no me lo miraba. ¿Total, para qué?, ¿para agobiarme más?

- ¿Y qué tienes que hacer? —interrogó de nuevo Teresa, girando a la derecha para entrar en su barrio, a demasiada velocidad.

- ¡Ah! —respondió Jaime con despreocupación—. Lo típico. Hacer dieta, perder peso, dejar la cerveza, los cubatas... Misión imposible.

- Imposible... ¿por qué? —dijo ella deteniendo el coche en segunda fila, poniendo la doble intermitencia.

- Porque ya lo he intentado otras veces, desde que dejé de fumar —dijo Jaime—, ¿por qué te paras aquí?

- Porque no entiendo nada. Si algo te ha salido mal en los análisis, ¡tendrás que hacer algo!, ¿no?, ¿o es que te da igual?

- ¿No querías ir a comprar algo para cenar? —dijo Jaime cortante, intentando cambiar de tema.

- Jaime, me estoy empezando a enfadar —dijo Teresa con seriedad—. Si no lo he entendido mal, tienes varias cosas alteradas en el análisis, que tienen que ver con el exceso de peso y, además, hace años que lo sabes, ¿es así?

- Más o menos —contestó él cruzándose de brazos.

- Y después de decirme eso, ¿pretendes ir otra vez al kebab, o a las tapas de enfrente de casa? —preguntó Teresa cada vez en un tono más alto.

- No me grites —le advirtió levantando una mano—, que ya he tenido un día bastante movidito.

- Jaime —dijo ella, recuperando la serenidad—, llevamos dos años juntos, y es la primera vez que me dices algo de esto, y creo que no me hubieses dicho nada si no fuese por la analítica... ¿a ti te parece normal?

- No te enfades, por favor —dijo, preocupado por el cariz que estaba tomando la conversación—. No te he dicho nada porque tampoco es algo en lo que piense todos los días. Durante una época me preocupó, y no conseguí nada. Es algo que tenía olvidado. Enterrado. ¡Y ya está!

- Pues como ves, "esto" no se ha olvidado de ti —comentó Teresa entristecida—. ¿Y me vas a decir qué has pensado hacer?, ¿o también quieres enterrarlo ahora?

- ¡No lo sé! —exclamó Jaime—, no lo he decidido todavía.

- Pero, ¿qué es lo que tienes que pensar tanto? —dijo ella sin dar crédito—, ¡tendrás que ir al médico!, como todo el mundo que lo necesita.

- Ya veremos. Ya meditaré sobre ello en otro momento.

- Pues ya me informarás cuando lo decidas —dijo la mujer, encendiendo el motor del coche, y metiendo bruscamente la primera marcha—, a mí se me ha quitado el hambre. Si quieres, te dejo en algún sitio cerca para que cenes. Mientras, yo busco sitio para aparcar.

- No te enfades, anda —suplicó Jaime, sabiendo que en algún momento había traspasado el límite—. Vámonos a casa, yo tampoco tengo hambre.

Durante unos minutos dieron vueltas con el coche por las calles cercanas a su casa, buscando un hueco donde aparcar. Lo mismo de cada noche. Pero en esta ocasión, el silencio entre ambos era inquietante. Aunque no era la primera vez que entraban en esa dinámica.

- No sé si esto funciona Jaime... –murmuró Teresa en voz baja, haciendo todo lo posible para no llorar.

Él siguió mirando por la ventanilla en silencio. Las últimas palabras de Teresa le habían asustado más que los análisis. Pero quiso creer que si actuaba como si no las hubiese oído, sería como si ella no las hubiese pronunciado. Sin embargo, ya era suficientemente mayor como para no creérselo.

Leo

- ¿Estás ocupada? –preguntó Leo golpeando con los nudillos en la puerta entreabierta de la consulta.

- Pasa Leo, estoy sola –respondió Mª Jesús cerrando la pantalla del ordenador.

Mª Jesús, especialista en medicina del trabajo, conocía a Leo desde hacía unos años, y mantenían una buena relación. No la consideraba una amiga, ya que Leo era unos años más joven, y además ella tenía dos hijos pequeños que le ocupaban todo su tiempo libre fuera del trabajo. Pero congeniaban bien.

- Siéntate –le dijo la doctora–, ya tengo todos los resultados de la revisión médica de este año, y los quería comentar contigo, por eso te dejé el recado.

- ¿Pasa algo? –respondió Leo con un cierto tono de alarma.

- No, no. Todo está bien –dijo la doctora sonriendo–, los análisis están perfectos, lo del hierro ya está resuelto con el tratamiento que te dí. Y el resto de las pruebas también han salido bien.

- ¿Y cuál es el problema? –interrogó su amiga.

- Pues lo que ya hemos comentado otras veces Leo, el peso. Ahora pesas 92 quilos, tres más que en la anterior revisión. Con tu talla, te sale un índice de masa corporal de 31'4. Eso significa obesidad, ya lo sabes…

- Sí Mª Jesús, no lo niego –dijo, cansada del mismo tema de siempre–, pero ya sabes que yo me encuentro bien así, y estoy feliz.

- Lo sé… – respondió Mª Jesús, pensando que la conversación no iba a resultar fácil – pero algunas veces me has comentado lo de la pesadez en las piernas, que se te hinchan un poco los pies en verano, y cuando estás muchas horas de pie…

- Sí, la verdad es que esto va un poco a peor –reconoció.

- Hace un tiempo te recomendé hacer ejercicio, ¿lo sigues haciendo?

- Matriculada estoy, y pago el gimnasio cada mes –empezó a decir Leo, molesta por tener que dar explicaciones–, pero voy muy poco, me aburre y además no tengo tiempo. Ya sabes que ahora soy una de las responsables del departamento comercial y voy de cabeza. Llego muy tarde a casa.

- Sí, supongo que es cierto… —asintió— pero deberías cuidarte.

- ¡Si yo estoy bien!, ¿no dices que todas las pruebas han salido perfectas?

- ¡Claro! —exclamó Mª Jesús, intentando no resultar alarmista— pero todavía eres joven… Y no hay que esperar a que salgan mal para poner remedio. Es mejor prevenir. Además ya tienes un perímetro de cintura de 89 cm. Eso, en una mujer, es un perímetro de riesgo. Riesgo para desarrollar otras complicaciones asociadas a la obesidad. Piensa que tu padre era diabético, y eso hace que tú tengas mayor probabilidad de serlo en el futuro.

- Sí… ¡pero a mi padre se lo diagnosticaron a los 50 años! —matizó Leo con voz contenida.

- Ya, ya lo sé —dijo la médico, que por primera vez sentía que pisaba terreno pantanoso—, pero en el momento del diagnóstico tenía ya complicaciones por la diabetes. Y tú, mejor que yo, sabes cómo acabó, perdiendo casi la vista… y haciendo diálisis.

- ¡Me estás alegrando el día! —murmuró Leo, francamente molesta.

- Escúchame —dijo Mª Jesús, empezando a hablar con un suspiro—, no te estoy diciendo que eso te vaya a pasar a ti. Sólo te digo que ahora estás a tiempo de evitarlo o al menos de retrasarlo. Deberías plantearte seriamente ponerle remedio.

- No sé —dijo al tiempo que negaba lentamente con la cabeza— ahora estoy muy centrada en mi trabajo, y esto no me preocupa especialmente. Me encuentro bien, me gusta mi estilo de vida, disfruto todo lo que puedo y, sinceramente, no me veo metiéndome en estas complicaciones.

- Está bien —respondió la doctora con cierta sensación de fracaso— pero prométeme que pensarás en lo que te he dicho. Mi consejo es que consultes a otro profesional.

Germán

- Siéntese, por favor –le dijo el médico, indicándole una de las sillas–. Dígame, ¿cuál es el motivo de consulta?

- Pues, me operaron de la espalda hace tres meses y debería perder peso –contestó Germán.

- Entiendo. ¿Qué edad tiene?

- 43 años –respondió.

- ¿En su familia hay alguien que tenga alguna enfermedad importante? Diabetes, hipertensión, el colesterol alto, problemas de corazón…

- No… –contestó dubitativo–, bueno sí. Mi abuela materna era diabética, pero ya de mayor. Mi padre tuvo un cáncer de colon. Y mi madre está bien, con problemas de huesos y todo eso.

- ¿Es usted alérgico a algún medicamento? –continuó preguntando el médico.

- No.

- ¿Fuma?

- No, nunca.

- ¿Bebe alcohol?

- Bueno, lo normal.

- ¿Y qué es para usted lo normal? –preguntó el médico acariciándose la barba.

- Pues una cervecita al mediodía, algo de vino con la cena.

- ¿Y el fin de semana?

- Sí, bebo algo más, con el aperitivo. Y algún cubata si salimos.

- ¿Toma algún medicamento?

- Sí, estos antiinflamatorios –dijo Germán sacando unos prospectos del bolsillo de la chaqueta– y el relajante muscular.

- ¿En qué trabaja?

- Soy maestro.

- Su trabajo supongo que es sedentario –afirmó el médico.

- Sí, más bien.

- ¿Come al mediodía en casa?

- Sí.

- ¿Y quién cocina?

- Generalmente mi suegra, menos el fin de semana –contestó Germán.

- ¿Ha tenido alguna enfermedad importante?

- No... Tuve una neumonía hace 3 años más o menos. Y un cólico en el riñón, creo que el derecho, hará unos 6 años.

- ¿Le han encontrado alguna vez alto el azúcar, el colesterol o la tensión?

- No –contestó, negando también con la cabeza.

- ¿Está operado de algo?

- Del brazo izquierdo, a los 20 años, me pusieron unos hierros, por un accidente de moto. Y de la espalda ahora.

- ¿De qué le han operado exactamente?

- Tenía unas hernia lumbares, y varias cosas más. Me han puesto unas fijaciones.

- ¿Se encuentra mejor? –preguntó el médico, dejando de tomar notas.

- Pues ahora sí. Tenía dolores de espalda desde hace años. Pero en los últimos tres meses el dolor era insoportable. Hasta que prácticamente no me pude mover. Ahora estoy mucho mejor, aunque aún me duele. Me han recomendado que pierda peso.

- ¿Cuál era su peso habitual?

- De joven, 73 o 75 quilos –respondió Germán con nostalgia–. En aquel entonces hacía mucho ejercicio y estaba delgado.

- ¿Cuándo diría usted que empezó a ganar peso?

- Hace unos 14 o 15 años... —contestó, intentando hacer memoria—. Cuando empecé a trabajar, dejé de entrenar a fútbol. Después cuando nacieron los niños, dejé de ir a correr, y luego también el tenis.

- ¿El aumento ha sido progresivo?

- Sí, poco a poco. Pero todo se ha puesto aquí —dijo Germán señalándose el abdomen.

- Ya. ¿Cuánto diría que ha ganado en este tiempo?

- Pues, unos 20 quilos.

- ¿El peso máximo que ha llegado a pesar es el actual?

- Creo que sí. También he ganado algo más en estos meses, con la operación y la baja en casa.

- ¿Qué desayuna?

- Un cortado. No suelo comer nada por la mañana.

- Y a media mañana, ¿come algo?

- Un bocadillo, en la cafetería del colegio. Tortilla de patatas, o atún, voy cambiando. Y un refresco.

- ¿Con azúcar?

- Pues... sí —reconoció.

- ¿Qué suele comer a mediodía?

- Lo que se haya cocinado en casa. Arroz, pasta, potaje, lentejas...

- ¿Plato único?

- Generalmente sí.

- ¿Repite?

- No suelo hacerlo, pero el plato ya tiene una cantidad respetable.

- ¿Pan?

- A mediodía poco. Según el tipo de comida.

- ¿Para beber?

- Agua y un poco de vino.

- ¿De postre?

- Fruta. Una o dos piezas.

- ¿Merienda?

- No. A veces un cortado.

- ¿Y qué suelen preparar para cenar?

- Depende de lo que los niños coman en el colegio –explicó Germán– Carne, pescado, hamburguesas. Cosas así.

- ¿Cómo lo cocinan?

- Frito, o a la plancha. El pescado rebozado, es la única manera de que se lo coman los niños –dijo en tono de disculpa.

- ¿Guarnición?

- Generalmente patatas, champiñones, o alguna verdura salteada.

- ¿Pan?

- Sí, por la noche sí. Bastante.

- ¿Y de postre?

- No suelo tomar postre de noche. A veces cojo un poco de queso.

- ¿Come algo entre horas?

- No –afirmó con precipitación–. Bueno, al mediodía, mientras espero a mi mujer para comer, me tomo una cerveza y unos cacahuetes o unas almendras.

El médico pesó y talló a Germán. Le midió el perímetro de cintura y le tomó la tensión. Se entretuvo haciendo unos cálculos.

- Tiene usted un índice de masa corporal de 29'68 –le dijo el médico– es decir un sobrepeso grado 2. Pero además el perímetro de cintura es de 106 cm. Esto implica un riesgo cardiovascular aumentado. Además, está un poco alto de tensión.

- Antes de la operación también me la encontraron alta, pero durante el ingreso estuvo bien.

- Debe realizarse estos análisis –el médico le entrego la solicitud– y controlarse la tensión arterial. En la próxima visita tráigamela anotada.

- De acuerdo –asintió Germán.

- Piense que, con su edad, talla y peso actuales, sus necesidades energéticas teóricas oscilan entre 2600 y 2700 calorías. Probablemente esté comiendo más de lo que necesita. Ya le explicaré cómo lo haremos para remediarlo. Lo que me interesa más, en estos momentos, es que vuelva a hacer ejercicio.

- No sé, ahora, con lo de la espalda...

- ¿El traumatólogo le ha prohibido la natación? –preguntó extrañado.

- No... en realidad es lo que me ha recomendado.

- Ya, generalmente la natación suele ser un buen ejercicio en estas situaciones –explicó el médico– ¿Qué posibilidades tiene de ir a nadar de forma habitual?

- Ya lo estuve pensando. Cerca del colegio hay una piscina municipal. Podría ir a mediodía.

- Ésa parece una solución excelente –afirmó, acariciándose de nuevo la barba.

- Supongo que podría ir un par de veces por semana –dijo Germán, intentando hacerse el ánimo.

- Dos veces sería insuficiente, aunque sería mejor que nada. Lo ideal sería que fuese, al menos, de lunes a viernes. Tenga en cuenta que al principio tendrá que ir poco a poco, y aumentar progresivamente el tiempo. Lo deseable es que contase con un preparador físico que supervisara el entrenamiento. Debe informarle del problema de la espalda.

- Lo intentaré –respondió Germán poco convencido, levantándose y estrechando la mano del doctor.

Elvira

- Elvira, este hombre está ya muy mayor –le dijo Pura a su hermana, sujetando la puerta de la calle.

- ¡Huy! –exclamó la otra saliendo del portal a la calle–. Debe estar cerca de los setenta. Fíjate que ya empezó a tratar a mamá con lo de las jaquecas, y de eso ¿cuánto debe hacer?, por lo menos treinta años, o más.

- Pues vete buscando otro médico –dijo Pura abrochándose el abrigo– Que a este la quedan dos días trabajando.

- Ya, pero para mí don Juan es don Juan –subrayó Elvira acercándose a la calzada para buscar un taxi–, y siempre me ha acertado en todo.

- Pero, ¿no ha dicho que no estás bien de la tensión? –preguntó su hermana–. Que te cambie los medicamentos, ¿no?

- Aquí no vamos a encontrar taxi –dijo Elvira impaciente–. Vamos hacia la plaza, que allí hay una parada.

- ¿Has oído lo que te he dicho? –volvió a preguntar Pura.

- Que sí, que sí –respondió Elvira empezando a caminar cogida del brazo de su hermana–. Es que lo de la tensión me tiene ya harta, si siempre estoy más o menos así. Pero reconoce que lo que ha dicho del peso tiene razón.

- Bueno –dijo Pura encogiéndose de hombros–. Ése es tu caballo de batalla de siempre. Llevas media vida subiendo y bajando, como una montaña rusa.

- Sí, pero ya he recuperado todo lo que había perdido la última vez que me puse a dieta –se lamentó Elvira parándose en un semáforo.

- Yo diría que has recuperado un poco más… –susurró Pura con un sutil gesto de mano.

- Sí, es cierto –reconoció– Llevo tiempo pensando en ello, pero me da tanta pereza volver a hacer dieta… ¡Vamos!, que ya está en verde.

- Pues tú verás –dijo Pura con suficiencia–, pero las fiestas están a la vuelta de la esquina, y si no te pones ahora…

- ¡Ay! —exclamó Elvira—, no me agobies, anda. Que ya me agobio bastante yo sola. Vamos por esta calle, que salimos directas a la parada de taxi —dijo señalando con la cabeza.

- ¿Estás segura? —preguntó la otra extrañada—, ¿por ahí no salimos a Correos?

- Que sí —afirmó con seguridad—, tú hazme caso. Yo había pensado volver al endocrino ese que fui hace unos años, que perdí doce quilos, ¿te acuerdas?

- Pero si ese ya no está —dijo Pura mirando a su hermana de medio lado—, se retiró porque estaba enfermo.

- ¡Qué me dices! —exclamó— ... si ese hombre era joven aún.

- Como lo oyes —aseguró Pura, con expresión de absoluto convencimiento—. No se qué de la cabeza, se quedó privado o algo de eso.

- Hija, me dejas de piedra —comentó con pena—, si era poco más mayor que yo...

- Elvira —dijo Pura deteniéndose en la esquina—, ¡ahí no hay ningún taxi!

- ¡Si es que a estas horas! —masculló Elvira con fastidio—. Tenía que haberle pedido a Cosme que viniera a recogernos.

- No te sulfures —dijo Pura, que conocía bien el carácter iracundo de su hermana—, ya llegará alguno. Vamos a esperar junto a la señal. Pues todo esto —continuó diciendo a los pocos segundos—, lo sé por Trini. ¿Te acuerdas de Trini?, mi vecina.

- ¿La del marido músico? —preguntó Elvira, intentando hacer memoria.

- ¡Ésa! —exclamó Pura, asintiendo con la cabeza—. No sé si sabías que era diabética.

- No... —respondió la otra, elevando el labio inferior.

- Pues este hombre la llevaba desde hacía tiempo —continuó diciendo Pura—, y ella me lo contó. Ahora está la hija en la consulta, que también hizo la especialidad. Pero sólo por las tardes, que por las mañanas está en el seguro.

- ¡Ay no! —exclamó Elvira, arreglándose el pañuelo del cuello—, yo una jovencita no quiero.

- ¡Oye! —voceó Pura con un aspaviento—, que tampoco es tan joven. Pasa de los treinta seguro, ya tiene uno o dos hijos. Uno, creo... Y algo habrá aprendido de su padre.

- No sé —dijo Elvira negando con la cabeza—, chica, yo le tengo más confianza a los médicos mayores, ¡qué quieres que te diga!

- Pues Trini estaba encantada con ella —aseguró Pura—, se resistía a ponerse la insulina, que su madre se murió al poco de ponérsela. Esta doctora la convenció, y ahora parece ser que va de maravilla.

- ¡Mira! —exclamó Elvira agitando un brazo—, ahí vine un taxi. Pues tú pídele el teléfono, y ya veremos qué hago.

Lorena

- ¡Tía!, yo no sé cómo podéis comer eso cada día –dijo Vero–, sólo de veros, ya me entran cagaleras.

- ¡Qué dices! –respondió Ester–. Esta hamburguesa está que te cagas.

- Si yo no digo que esté mala. Sólo que ya es la tercera vez esta semana que venimos a cenar aquí, y anoche pizza. Menos mal que también tienen ensaladas.

- Pero si a ti te encantaba venir aquí –dijo extrañada Lorena a su hermana Vero–, no sé qué coño dices ahora.

- Sí, tía –respondió Vero– al principio, y de vez en cuando. Llevo un mes aquí y venimos casi a diario. Estoy de hamburguesas y patatas fritas hasta el gorro, y la salsa esta de la ensalada cada vez me sienta peor...

- Bueno, tú pídete lo que quieras –replicó Ester algo molesta–. Además, nadie te obliga a venir aquí. ¡Haz lo que te de la gana!, pero no amargues.

Lorena miró alternativamente a su hermana y a su amiga Ester. No estaban haciendo buenas migas, la verdad. El año pasado había sido el primero que Ester y ella estaban estudiando en la ciudad, y se lo habían pasado genial. El piso lo había comprado el padre de Lorena como inversión, y las dos solas habían estado de maravilla. Pero este año había llegado su hermana, y estaba siendo un punto de discordia. Siempre tan responsable y cabal, como decía su madre.

- Desde luego –dijo Vero en el mismo tono–. Eso es lo que voy a hacer. ¿Y la comida que prepara mamá? –le preguntó a Lorena–, siempre acaba en la basura.

- No... –respondió Lorena algo avergonzada–. Yo a veces como algo, pero si me quedo en la biblio a mediodía...

- Ya, claro –le recriminó Vero, cada vez más enfadada–, pero mamá se pasa el fin de semana cocinando, para que aquí no nos tengamos que preocupar de cocinar ni comprar más allá de lo estrictamente necesario...

- ¡Joder, tía! –protestó Ester limpiándose la salsa de tomate de la boca y la nariz–, menuda murga estás dando, ¡con lo bien que estábamos el año pasado!

- En casa no saben la marcha que llevamos aquí –continuó diciendo Vero a su hermana, obviando el comentario de Ester–, se creen que cenamos en casita tranquilamente.

- También cenamos en casa a veces… –apuntó Lorena, preocupada de que su hermana se fuese de la lengua–. Ayer, por ejemplo.

- Sí, pero al final pedimos un pizza –argumentó Vero, acabándose su ensalada, con el tenedor de plástico–. Tengo el pepperoni aborrecido ya.

- ¡Pues come lo que te apetezca! –exclamó Ester con malos modos–, ¿alguien te obliga a hacer algo que no quieras?

- No, si es lo que pienso hacer de ahora en adelante –arguyó Vero con serenidad–. Paso de volver más aquí. Me pienso comprar en el súper lo que quiera, y me apaño yo sola, que ya he engordado dos quilos desde que estoy con vosotras. Y tú, también deberías cambiar un poco –le dijo a su hermana–, que el año pasado te pusiste como una vaca, y has estado dando por saco todo el verano con los bikinis y las bermudas.

- ¡Qué mala leche tiene tu hermanita! –le dijo Ester a Lorena–. Yo no sé cómo la aguantas.

- Pero si no como tanto –rebatió Lorena, mirando alternativamente a su amiga y a su hermana–. Si hoy no me ha dado tiempo a comer, con las prácticas. Un bollo y unas pipas en la biblio.

- ¡Sí, tía! –exclamó Vero–, ¡un paquete de pipas como mi mochila!, que te he visto al salir de clase.

- Pero, ¿y a ti qué te importa? –interrogó Ester a Vero, con cara de asombro–. Y tú… ¿por qué le permites que te hable así?, ¡yo flipo!, de verdad.

- ¡Pues me importa! –le chilló Vero a Ester–, porque es mi hermana, y se va a poner enferma, y como una foca. Y tú eres la primera que quiere venir aquí, y no pegar ni golpe en casa, ¡que tu habitación da asco!

- ¡Tú eres gilipollas! –gritó Ester levantándose, y recogiendo su bandeja, con el helado a medias–. Y yo flipo contigo Lorena, tu hermanita pequeña ha venido para arreglarnos la vida, y tú callada como un muerto. Me voy a casa. Paso de vosotras.

- Cómo te has pasado… –le recriminó Lorena a su hermana, cuando Ester se fue–, ¿tú de qué vas?

- Mira… –replicó con tranquilidad–, si tú no me has discutido nada de lo que he dicho, es porque sabes que tengo razón. Tienes un morro del cagarse, si no te vas a comer la comida que traemos los domingos, no dejes que mamá la prepare ¡tía!, que es el curro que se pega, y la pasta que se gasta.

- Ya… –concedió Lorena avergonzada–. A veces me agobia eso, ¿sabes?

- Sí tía –continuó Vero, viendo reforzados sus argumentos por la actitud de su hermana mayor–, pero no haces nada por evitarlo, y me parece que éste es el ritmo que habéis llevado todo el año pasado.

- ¡Yo que sé! –dijo a modo de disculpa–, a Ester le mola esta forma de comer, y a mí también… A veces me cansa un poco… Pero como el fin de semana comemos en casa… A ver… –dijo sacando el móvil, al oír el sonido de un whatsapp–. Es Ester, dice que eres gilipollas, y manda una carita de un trastornado –comentó sonriendo.

- Pues dile de mi parte, que ella lo es más aún –comentó Vero con desprecio–. No sé qué le encuentras a esa tía, ¡es gentuza!

- ¡No te pases! –le recriminó Lorena–. Es mi mejor amiga, y es buena tía… A veces tiene mala leche, pero es auténtica. Lo que pasa es que tú la pones del nervio, como eres tan ordenadita y pulcra…

- ¡Aj! –profirió Vero– ¡Que le den!. Bueno, y tú ¿qué vas a hacer?

- ¡Yo!, ¿qué voy a hacer?, ¿de qué? –preguntó intrigada.

- ¡Tía! –exclamó Vero–. ¡No puedes seguir así!, ¿cuánto has engordado desde que empezaste la carrera?

- ¡Bufff! —respondió Lorena angustiada—. Por lo menos ocho quilos. ¡Una barbaridad!, y en verano no perdí casi nada. Estoy superagobiada con eso...

- Pero no haces nada por cambiarlo —dijo su hermana con suficiencia.

- Vamos fuera, tía —dijo Lorena, mientras se levantaba y recogía su bandeja—, que quiero fumar.

Vero hizo lo mismo y la siguió hasta la calle, con cara de escepticismo. Lorena la estaba sorprendiendo con su actitud. Estaba convencida de que Ester era una mala influencia, pero a las dos les había ido bien el curso anterior... Probablemente a su hermana le gustaba el estilo de vida que habían llevado hasta ahora.

- ¿Qué quieres que haga? —le interrogó Lorena mientras encendía un cigarro—, yo creo que no como tanto.

- Tú misma... —respondió la otra—, pero comes muchas mierdas. ¿Qué compras cuando vas a súper?, refrescos, leche, galletas y porquerías. ¿Nunca te apetece una ensalada?, ¿o algo caliente?

- Sí... —reconoció—. En casa como de eso, el fin de semana. Pero, no sé tía, aquí llevábamos esa marcha el año pasado, y me gustaba. Sin la coña de tener que ir a comprar, o prepararte algo y luego fregar. Cada noche decidíamos qué hacer, un sitio que no fuese muy caro. Al final acabamos hartas de las fajitas de al lado de casa.

- No me extraña —dijo Vero—, son grasa pura. Para un día, ¡guay!, pero habitualmente...

- La verdad es que deberíamos de hacer algo con todas las fiambreras que hay en el congelador —reconoció después de unos minutos de silencio.

- Ya —contestó Vero—, es que papá nos va a pillar un domingo, cuando nos trae. Como se empeña en ayudarnos a subir los trastos. Y mamá lleva meses quejándose de que no le devuelves las fiambreras.

- ¡Joder, tía!, ahora me siento mal por mamá...

- Pues... ¡vamos a cambiarlo! —dijo su hermana con vehemencia—. Le decimos que no cocine tanto, y aprovechamos algunas cosas para cenar, o para comer si nos da tiempo. Y en vez de gastarnos dinero en estos sitios, compramos algo fresco en el súper.

- Ester se va a poner buena... —murmuró Lorena, como para sí misma.

- A Ester que se la pique un pollo —exclamó Vero, con intención de ser grosera—. Que se preocupe más de no dejar pelos en la bañera, y de recoger las mierdas que deja por la cocina...

- ¡Bah, tía!, no te pases —dijo Lorena, sintiéndose culpable de criticar a su amiga—, ¿y yo cómo me quito estos quilos?

- Vente conmigo a correr por las mañanas —le propuso Vero, como si para ella fuese del todo evidente—, yo ya he salido varias veces, está genial el circuito que hay por la avenida.

- ¿Estás loca? —dijo Lorena alarmada—. Pero si me ahogo de subir las escaleras de la Facultad.

- ¿Cómo no te vas a ahogar? —le reprochó su hermana—, si no te mueves para nada, que te vas a atrofiar. Y con esa morcilla que se te ha puesto en la cintura...

- ¡Pero tía!, cómo te pasas conmigo —le gritó la otra—. Y tu culo, ¿qué?, que parece un autobús.

- Mira —sermoneó Vero muy seria—, la próxima vez que me comas la cabeza con que estás gorda, o que no te viene la ropa, o que te deje algo... voy a pasar de ti ampliamente. Si estás tan preocupada, ve al médico o algo, que te aguante otro. ¡Pero haz algo!, en vez de quejarte tanto...

Adelaida

- Hola Adelaida —saludó Reme entrando en la trastienda del estanco— Te dejo las bolsas aquí dentro.

- Voy, Reme —contestó Adelaida, desde el mostrador—. Acabo de despachar y hacemos cuentas.

Cuando acabó de atender a los dos últimos clientes, Adelaida se dirigió a la habitación trasera, moviendo con dificultad su volumen corporal entre el mostrador y la estantería del tabaco. Su amiga la esperaba sentada en el pequeño sofá situado tras una mesita de centro atiborrada de facturas y albaranes. Junto a ella, en el suelo, había depositado varias bolsas de plástico con la compra de las dos. Tenía aspecto de cansada.

- ¿Pero por qué no coges el carro? —le recriminó Adelaida a Reme con gesto irritado, cuando entró en la trastienda—. ¡Mira que te lo tengo dicho! —Se sentó en la silla sin reposabrazos; no cabía en la otra, por lo que siempre la dejaban libre para ella.

- Ya lo sé, ya —respondió paciente Reme—. Es que tenía que ir primero al banco y a lo del seguro, ¿no te acordabas?, y no quería ir con el carro a rastras.

- ¡Es verdad!, ¿has podido resolver algo?

- Sí, por fin está todo claro —respondió aliviada.

Remedios había enterrado a su marido tres meses antes, después de dos años de largo sufrimiento, a causa de un cáncer de páncreas. Ambas eran vecinas de casi toda la vida, y Adelaida había sido un apoyo fundamental en ese tiempo. En realidad hacía muchos años que las dos constituían un apoyo mutuo. Adelaida era viuda desde hacía catorce años, tras el accidente de trabajo que mantuvo a su marido seis meses en el hospital para nunca más volver a casa. Las dos mujeres se conocían bien, se ayudaban, y se hacían compañía, pero cada una en su casa.

- ¡Ay hija, menos mal! —exclamó Adelaida, cogiendo un paquete de galletas—. Me tenías de verdad preocupada con todo ese papeleo, ¡malditos bancos!

- Bueno, lo importante es que ya está resuelto –respondió Reme visiblemente más relajada tras el esfuerzo de transportar la compra–, Adelaida –continuó hablando mientras miraba con reprobación el paquete de galletas–, ¿no tenías que hacerte el análisis esta semana?

- ¡Sí!, pasado mañana –contestó Adelaida alzando la mano derecha con una galleta a medias, en gesto risueño, mientras mantenía la otra mano con el paquete ya casi vacío en el regazo–. Es que yo creo que me estaba bajando el azúcar –continuó a modo de excusa.

- ¡Pero mujer! –dijo su amiga, gesticulando con ambas manos–, ¿cuántas galletas te has comido ya?, ¿es que no te acuerdas de cómo te salió la analítica anterior?

- ¡Nada!, sólo dos. El paquete está abierto del otro día. Es esa dichosa insulina de la mañana. A ver si me la cambian de una vez.

- Pero, ¿tú te has mirado el azúcar hoy? –le interrogó Reme escéptica.

- Es que se me han acabado las tiritas esas de la máquina –se excusó de nuevo Adelaida–. Tengo que ir al ambulatorio a por más, pero estos días Sonia está de exámenes, y no ha venido a trabajar por las tardes.

- Esa sobrina tuya vale un Potosí, cuando acabe la carrera no sé qué vas a hacer con el estanco –comentó Reme pesimista.

- Pues contratar a alguien, que yo ya no estoy para tirarme aquí todo el día. De todas formas espérate a que acabe, y luego que encuentre trabajo…

- En eso llevas razón. ¿Y cuándo tienes visita con el endocrino? –dijo Reme cambiando de tema.

- El jueves, en dos semanas. Pero no padezcas, no hace falta que me acompañes.

- ¡Sí, claro!, que te crees tú que te voy a dejar ir sola.

- Pero si no hace falta –insistió Adelaida cogiendo la última galleta del paquete.

- ¡Quita!, ¡quita! –exclamó Reme haciendo aspavientos con las manos– ¡Si yo no tengo ya otra cosa que hacer!

- Bueno, como quieras –dijo con resignación.

- Tienes gente esperando –le alertó Reme levantándose, al tiempo que se cogía la rodilla derecha con gesto de dolor.

- ¿Te vuelve a doler? –preguntó la otra con preocupación.

- Será que va a cambiar el tiempo –murmuró mientras se agachaba a recoger las bolsas de la compra–. Bueno, me subo a poner el hervido para las dos, y cuando cierres lo recoges.

- Me tienes que decir qué te debo de la compra –dijo Adelaida, levantándose a su vez con dificultad.

- Ya me lo pagarás arriba, que lo tengo que sumar. Hasta luego.

- Gracias Reme, hija. Hasta luego –se despidió.

Adelaida esperó a que Reme saliese por la puerta del establecimiento y entonces abrió un paquete de galletitas de coco, le encantaban. En realidad era el único placer que le quedaba desde hacía años. ¿Qué le importaba a ella la diabetes, la tensión y los triglicéridos esos? Su médico hacía tiempo que la había dejado por imposible.

Sólo Reme resultaba una molestia. En ese sentido, claro. Por lo demás su amiga era todo su mundo. A su hijo lo veía bien poco. Desde que estaba con la individua esa de altos vuelos, ni siquiera venía a comer los domingos. Y a su hermana, la que vivía en el pueblo, la veía en contadas ocasiones, estaba tan delicada la pobre. ¡Si hubiese tenido una hija! Pero Jesús ya nació con cinco quilos, y los tres que siguieron después se murieron nada más venir al mundo. Dos niñas y otro niño. Por culpa del azúcar, le dijeron después. Así que el azúcar ya le había quitado lo más importante. Y luego se murió Mariano, bien joven que era. Le quedaban pocas cosas por las que luchar. Tenía 54 años, pero se sentía como una anciana. Como una anciana obesa. ¡Igual da! Cuando no pueda más, vendo el piso y a una residencia que me voy, pensaba constantemente Adelaida.

Magda

- No sé cuál llevarme ahora –dijo Magda a Nina, su ayudante, cuando volvió de bajar la persiana de la farmacia–. Ya los he probado todos.

- ¿Pero otra vez estás igual? –preguntó Nina, poniendo los ojos en blanco, mientras se dirigía a la trastienda para dejar el hierro que utilizaban para bajar la persiana. Le había pedido infinidad de veces a Magda que pusiera una persiana con apertura y cierre electrónico.

- ¡Imagínate! El mes que viene es la cena del nombramiento de Fernando, y no me cabe la ropa otra vez.

- Ya será menos –dijo la otra mientras recogía las cosas del mostrador– Ya me gustaría a mí tener tu cintura...

- ¡Qué dices!, si los tres quilos que engordé en verano se me han puesto alrededor del ombligo. Y tengo el mismo culo de siempre.

- Pues coge las barritas esas –dijo señalando un producto de la estantería, con la intención de que Magda no se demorase demasiado–, la gente se las lleva como churros.

- No sé, si ceno eso luego tengo un hambre que me muero.

- ¿Y por qué no haces un poco de dieta? –preguntó Nina, sorprendida una vez más de que Magda ni siquiera contemplase esa posibilidad.

- ¡Huy!, para dietas estoy yo –exclamó Magda–, con el horario que llevamos aquí no tengo tiempo ni de comprar, ni de prepararme comida especial.

- ¡No exageres!, al mediodía tenemos tiempo, y no tienes a las niñas a comer –le respondió cansinamente Nina, quitándose la bata y poniéndose una chaqueta.

En los años que llevaba trabajando en la farmacia de Magda, siempre la recordaba con el mismo tema: el peso. La apreciaba mucho, y aunque era más joven que su jefa, tenían una buena amistad. Pero cuando empezaba con los quilos, conseguía exasperarla.

- Sabes perfectamente que al mediodía tengo que arreglar el desastre de casa que se queda de la mañana, y poner lavadoras... -se quejó Magda.

- ¿Pero no habías arreglado ya lo de la asistenta? –le preguntó Nina, con cara de no creerse lo que le decía.

- Sí... -dijo un poco incómoda con el comentario de su empleada–, pero sólo viene tres mañanas.

- ¡Ah! –respondió la otra, sin querer profundizar más en el asunto- ¡Bueno! ¿Qué? –le preguntó con los brazos en jarras, ya preparada para marcharse- ¿Te decides o no?

- ¡Bah!, me cojo los batidos, como siempre –dijo como para sí misma, metiendo una caja en su bolso.

- ¡Venga! –exclamó Nina, esperándola en el umbral de la puerta de la trastienda, que daba a la calle–, que Juanjo me está esperando en el coche.

- ¡Vete!, ya cierro yo.

Nina esperó pacientemente a que Magda se quitase la bata y se pusiera el abrigo.

- Ya sabes que nunca te dejo sola en la farmacia –replicó, cerrando con llave cuando salió Magda a la calle- ¿Por qué no vas al médico?, siempre estás con el mismo rollo. Al final te pondrás enferma de hacer cosas raras por tu cuenta.

- ¡Pero si al médico ya fui! –dijo Magda un poco exaltada–. Y poco me resolvió.

- Ya, ya me lo has contado muchas veces –respondió Nina poniendo su cara más cómica, denotando aburrimiento- ¿Pero cuándo fue eso?, ¿cuántos años tiene tu hija mayor?, ¡nueve años!, fuiste después de nacer Fanny.

- Mira, yo no me veo ahora para empezar a pesar la merluza y los guisantes... ¡y hasta la lechuga! –contestó irritada–. Y además, es que no me da tiempo. Fíjate la hora que es ya, y ahora llega a casa y tengo que ponerme a hacer la cena. Y menos mal que tengo a Esther, que las niñas ya están bañadas y con los deberes hechos.

- Pues de paso que haces la cena para las niñas, te preparas algo para ti –apuntó Nina, que veía el asunto con claridad.

- ¡Ése es el problema! –subrayó aumentando su irritación–, que si hago cena para los cuatro, me como lo que les sobra a las niñas y luego cuando llega Fernando vuelvo a cenar con él. Para eso prefiero tomarme un batido.

- Sí, pero como te quedas con hambre, acabas comiendo cualquier otra cosa, dulce sobre todo -contestó Nina, ahora hablándole seriamente- ¿No sería mejor que te prepararas algo?, algo ligero, claro.

- No sé. Ya veré qué hago. Vete ya, que Juanjo debe odiarme.

- ¿Cómo lo has adivinado? –preguntó la otra con gesto de sorpresa.

- ¿Le caigo mal? –inquirió a su vez Magda, con franca preocupación.

- ¡Que no tonta!, que es broma –respondió Nina riéndose– Estás muy tensa, relájate. Y cena algo ligero –continuó diciéndole mientras se alejaba, en dirección al coche que esperaba en doble fila.

Álvaro

Inés se había quedado dormida en el sofá, con el mando de la televisión en la mano. Pero era un sueño ligero. Se despertó en cuanto oyó la llave en la cerradura de la puerta, y se levantó para saludar a su marido.

- ¿Aún estás despierta? –preguntó Vicente en voz baja, al entrar y verla en el umbral de la puerta del comedor.

- Me había quedado traspuesta en el sofá –contestó ella dándole un beso– ¡Qué tarde llegas!, ¿no?

- Cuando han acabado de descargar el camión –respondió el hombre, mientras se quitaba la cazadora–. Voy al lavabo.

- Te voy poniendo la cena –comentó Inés, dirigiéndose hacia la cocina.

- Acuéstate si quieres –dijo Vicente– .Yo me la caliento.

- Deja, si ya me he despejado. Saca el pan y, si quieres vino, cógelo de la alacena. Al final, ¿trabajas mañana?

- No –contestó él, llevando el pan y el vino a la mesa del comedor–. Mañana libro –continuó hablando Vicente cuando Inés entró en el comedor con una bandeja con la cena–, pero pasado mañana salgo para Lyon, estaré tres días fuera.

- ¿Tú crees que vale la pena hacer esos viajes tan largos? –preguntó Inés, sentándose a la mesa con un vaso de leche caliente.

- Este no es largo –respondió él, empezando a comer el pollo con avidez–, Peor era ir a Alemania. Y tal y como están las cosas, suerte tengo de tener trabajo.

- En eso llevas razón –admitió ella apenada–. Hoy me han dicho en una casa que ya no vaya más. Creo que el marido se ha quedado en paro. Sólo iba una vez por semana, pero algo más sacaba.

- Pues ya saldrá otra –apuntó él con la boca llena, mojando el pan en la salsa–. Al fin y al cabo siempre te buscan para limpiar, porque eres cumplidora. No te agobies.

- ¡A ver si es verdad! –contestó Inés, apurando el vaso de leche–. De lo que quería hablarte era de Álvaro.

- ¿Qué le pasa? –preguntó Vicente, dando buena cuenta de un trozo de queso– ¿Está malo?

- No, pero hoy tenía Miguelito la revisión médica, y he aprovechado para llevarlos a los tres al pediatra –empezó a explicar–. Me dijo que el niño está muy gordo y que debería llevarlo al ambulatorio de especialidades, al endocrino creo que ha dicho.

- Pero, ¿está enfermo de algo? –insistió Vicente, cortando otro trozo de queso.

- No, el niño está bien. Pero le sobran muchos quilos...

- ¡Bueno! Como a mí de pequeño, tú ni caso. Deja al chico. Es como es. Está fuerte.

- Vicente, a la edad del niño yo ya te conocía del barrio, y nunca has estado así –replicó Inés molesta.

- ¿Cómo que no? –protestó Vicente haciendo un gesto de suficiencia, mientras pelaba una naranja–. El niño no está gordo, es que somos de constitución corpulenta.

- ¿Pero tú has visto bien a tu hijo? –preguntó sorprendida–. Tiene diez años y pesa 57 quilos... ¡es lo que yo pesaba cuando me quedé embarazada de él!

- ¡Es que tú siempre has sido una raspa!. Pero él ha salido a mi familia.

- Vicente, a veces te pones imposible –dijo levantándose de la mesa–, parece que no te importe lo que le pase a tus hijos.

- ¡Ya estamos! Llego a las doce de la noche, sin cenar. Vengo de Burgos. Y tú tienes que tocar las narices ahora con esto. ¿No podemos hablar mañana?, si lo ves gordo, ¡no le des tanto de comer!

- Claro, a ti te parece muy fácil, porque no estás en casa con ellos todo el día –respondió Inés indignada–, pero tu hijo come lo que quiere y cuando quiere. Hace lo que le da la gana. Y yo estoy harta de discutir con él un día sí y otro también. Habla tú con él mañana, a ver si a ti te hace caso, porque lo que es a mí...

- Mañana hablo yo con él —concedió su marido, condescendiente, pelando una segunda naranja—, y ya verás como me escucha.

- Pero Vicente —dijo Inés volviéndose a sentar—, no sólo es que lo castiguemos, el niño tiene que entender que no puede estar comiendo todo el día, ¡que se va a poner enfermo!

- Estás exagerando —le rebatió él engullendo la naranja—, come como todos.

- Ese es el problema —dijo mirándolo con cierto rencor—, ¡que tú no ves el problema!... y que el niño ha cogido las costumbres que ve en casa.

- ¿Y Sara?, ¿y Miguel? —preguntó Vicente con cara de hastío— ¿ellos no las han cogido?

- ¡Coño, Vicente! —exclamó ella incrédula—, ¿pero no ves que a Sara también le sobran quilos?, no tantos, claro, pero eso es porque tiene siete años. Y Miguelito cinco. Pero ya veremos qué pasará cuando tengan la edad del mayor. Si llevan los tres el mismo camino…

- ¡Pues llévalos a todos al especialista ese! —dijo Vicente elevando la voz y limpiándose la boca con la servilleta.

- ¡El problema somos nosotros! —continuó Inés alzando también el tono—, ¿es que no te ves tú cómo estás?

- Lo que yo veo —dijo él, poniéndose de pie—, es que llevo catorce horas trabajando sin parar, y que cuando llego a casa me empiezas con la murga esta. Y encima la culpa aún será mía. ¿No eres tú la que decide lo que hay de comer en casa?, pues ¡cámbialo!

- Te voy a tomar la palabra —manifestó Inés con rabia—. Pero luego no te quejes.

- Me voy a dormir —respondió Vicente dándole la espalda y saliendo del comedor— Tú haz lo que quieras.

2 | Contemplando la posibilidad de cambiar

Juan

- Toma, te dejo aquí el resguardo de los análisis, el informe de lo del sueño y la cita con el endocrino —le dijo Adela a Juan mientras cogía el bolso y las llaves— te recojo en la oficina a las seis.

- Eh..., esta tarde no creo que pueda ir —dijo él titubeando.

- ¿Qué? —su mujer lo miraba fijamente, muy seria, demasiado seria, pensó Juan.

- Espera, no te enfades —su tono de voz pretendía ser alegre—, sabes que tenemos que cerrar el trimestre, y el lunes debería estar todo presentado, cambiaré la cita para más adelante.

- Escúchame bien —Adela hablaba en un tono bajo, pero la dureza de su mirada obligó a Juan a desviar la suya hacia la taza de café—, al mediodía vas a recoger los análisis y esta tarde vamos a ir al médico. Si no acudes a la visita, no cuentes más conmigo para esto, te las apañas tú sólo, esta noche roncas solito en el sofá y, por supuesto, no vas a volver a conducir, al menos con nuestros hijos y conmigo dentro.

- Está bien —sabía que estaba pisando terreno peligroso, su mujer tenía generalmente buen carácter, sin embargo cuando estaba en pie de guerra resultaba temible—, pero no me trates como a un niño —añadió Juan, intentando recuperar la dignidad.

- Pues no te comportes como tal —sentenció ella, dirigiéndose hacia la puerta.

Juan se quedó pensativo durante unos minutos, mirando por la ventana de la cocina. En las dos semanas que habían pasado desde el accidente había estado reflexionando, y la verdad es que estaba asustado. Temía por su salud, hacía tiempo que no se encontraba bien, siempre cansado, el dolor de cabeza, y esa profunda desazón que le invadía cotidianamente. Ya no podía subir el tramo de escaleras de la oficina sin pararse tres veces, había dejado de comprarse zapatos de cordones, porque se fatigaba al atarlos, pero ¡ahora ya le costaba hasta ponerse los calcetines!, y sólo tenía 55 años. Cada año, la ropa del año anterior le quedaba apretada, su aspecto físico no le importaba demasiado, pero estas pequeñas cosas intentaba ocultárselas a Adela.

Si era sincero, sabía por qué intentaba ocultar todo esto. En realidad le gustaba su estilo de vida, bueno, en concreto su relación con la comida. Disfrutaba de una buena cena, la cervecita al llegar a casa, un buen vino, el coñac... Además, no estaba dispuesto a dejar el "Club Gastronómico", ¡era miembro fundador! Recordaba con añoranza los concursos culinarios de los domingos, y eso que sólo hacía tres semanas que faltaba. No podía decir adiós a todo eso. De qué se componía la vida sino de esos pequeños placeres... Sus hijos ya eran mayores, el trabajo no le ofrecía ningún aliciente, aunque les permitía seguir con su nivel de vida. Y con Adela, bueno, todo iba bien, aunque se habían distanciado en los últimos años. Como todas las parejas, suponía. Reunirse los domingos con sus amigos del club era de las pocas cosas que le ayudaban a sobrellevar la semana. Y no era sólo comer, disfrutaban buscando los ingredientes por los mercados entre semana, ideando lo que iban a cocinar, y después las bromas, las pullas, la camaradería.

Repasó mentalmente a sus amigos y reconoció que todos eran físicamente parecidos a él, es decir: obesos. Bueno, todos no, Miguel, que se pinchaba insulina, era muy cuidadoso con la comida. La verdad es que siempre había pensado que Miguel era un pusilánime, trayéndose la comida en una fiambrera. Ahora, sin embargo, empezaba a pensar que era más valiente que él. Desde que había empezado a pincharse seguía acudiendo regularmente los domingos, de buen humor, y parecía soportar con resignación las burlas de todos los demás, en especial las suyas, muy estoicamente, pero conservando la relación con todos. Se imaginó a sí mismo llevando la fiambrera los domingos. Aquello iba a resultar complicado.

– ¿Estás bien? –le preguntó Adela con cariño, conduciendo por la rampa de salida del aparcamiento.

– Sí, no te preocupes –contestó Juan, con más ánimo del que sentía. La visita había resultado como un mazazo. Bueno, la primera visita ya fue terrible, el endocrino ése era un cenizo. No dejó de hablar del riesgo cardiovascular, de la obesidad mórbida, de las apneas, del perímetro de cintura y de muchas más cosas, a cual peor. Ya sabía que no debería de haber vuelto, pero la sargento que se sentaba al volante no se lo habría permitido.

- Todo irá bien, te lo aseguro —insistió ella, en un intento de iniciar una conversación.

- Claro, seguro —respondió poco convencido. Sabía que no estaba siendo justo con su mujer, ni con el médico tampoco, él sólo hacía su trabajo.

- Espero que traigan pronto la mascarilla para dormir —continuó Adela.

- ¿Crees que realmente servirá para algo? —dijo él, esta vez con acritud.

- Juan, sé que son muchas cosas en poco tiempo —su mujer intentaba ser comprensiva—, pero tienes que cambiar de actitud, ser más positivo.

- ¿Positivo?, después de 40 minutos de visita, 4 pastillas, la mascarilla, que haga ejercicio, cambiar de hábitos de alimentación, ¡como si fuera tan sencillo! —Juan empezaba a elevar el tono de voz— y al final, ¡para morirme mañana de un infarto!

- Vamos a ver, ¿de qué te sorprendes? —Adela intentaba mantener un tono comprensivo, pero era evidente que empezaba a irritarse—. Tienes una obesidad mórbida, un perímetro de cintura de 1 metro 35, diabetes... como tu abuela materna, que estaba igual que tú. La tensión por las nubes, los triglicéridos ésos que se salen, y además las apneas del sueño, que se pueden resolver transitoriamente con la mascarilla para dormir. Si controlamos todo eso, tardarás en morirte de un infarto.

- Sí, pero yo mañana empiezo a tomar dos pastillas para la diabetes, otra para la tensión, otra para los triglicéridos dichosos, y creo que le ha dado pena darme otra para el ácido úrico —masculló él más calmado.

- ¡Pero vamos a ver, Juan!, ¿es que no has entendido nada? —su voz ya sonaba abiertamente irritada y además había demasiado tráfico como para confiar en llegar pronto a casa—. Lo más importante de lo que te ha dicho es que todo esto puede mejorar, ¡y mucho!, pero tienes que perder peso y empezar a hacer algo de ejercicio.

- ¿Ejercicio? —contestó elevando de nuevo la voz—. ¡Pero si me canso de subir dos tramos de escaleras!

- Juan —insistió Adela con resignación—, lo que te ha dicho es que debes modificar tu estilo de vida, cambiar tus hábitos de alimentación y empezar a hacer ejercicio lenta y progresivamente, en función de tus posibilidades, ¡no que salgas mañana a hacer una maratón, corcho!, y te ha dado pautas muy concretas. Además, estoy totalmente de acuerdo, y yo también voy a empezar a hacer ejercicio. Mañana mismo voy a comprar una bicicleta estática, así no tendrás excusas.

- ¿Tú?, ¿para qué?, si estás muy bien —ahora era Juan el que intentaba ser conciliador, sabía que había perdido la batalla, no tenía escapatoria.

- Vaya, gracias —ella volvió a mirarle con cariño—, pero la realidad es que tengo un poco de sobrepeso, desde que empecé con la menopausia ya me he puesto cinco quilos, lo que pasa es que me comparas contigo y te parezco perfecta... y lo soy en realidad —añadió con sorna.

- Tú ganas —respondió él, con media sonrisa en los labios. En realidad, quería creer que fuese posible cambiar, porque si antes de la visita estaba asustado, ahora sentía pánico. El médico había sido contundente con respecto a su salud actual, pero también había sido esperanzador con el futuro. Había hecho mucho hincapié en la posibilidad de que todo mejorase espectacularmente si perdía peso, podría quitarse la mascarilla, reducir los medicamentos y, en definitiva, encontrarse mejor. Recordaba lo que le había repetido varias veces: "plantear objetivos razonables".

Laura

Otra vez análisis. Volvemos a empezar. No sé por qué le hice caso a Merche. Si ya sé lo que me va a decir. "Laura, tiene usted un síndrome de ovarios poliquísticos". Menuda novedad. Ya hace dos meses que no me baja la regla. Como siempre. Eso que me ahorro en compresas. El problema es que a veces me desangro cuando me viene. Y encima no se fían de que no esté embarazada. Quiere un análisis que diga "test de embarazo negativo". Son todos igual de engreídos. Si sabré yo que no estoy embarazada. Ya no me acuerdo ni de cómo se hace... En sueños quizá. Sí, en sueños sí que me acuerdo, y el padre siempre es el mismo hombre. Qué pena doy. Como si tuviera alguna posibilidad. Ilusa, ésa es la palabra. O mejor, idiota. Idiota, ilusa e imbécil. Todo a la vez. Una combinación de fábula. Y dice Merche que le recuerdo a su hija. Si ella supiera cómo soy en realidad, no diría necedades. Seguro que su hija es una persona excelente. Trabaja y tiene un niño, y encima es guapa. Merche está orgullosa de ella. Si me conociese no estaría orgullosa de mí. Se avergonzaría. Como mi madre. Seguro que mi madre se avergüenza de que la vean conmigo. Por eso ya no me acompaña a comprar ropa. Ella, que siempre va impecable y a la moda. Aunque tiene unas buenas caderas, a ver de quién se cree que las he heredado yo. De mi abuela no, que estaba seca como un palo. Debe ser lo único que no heredé de ella, su constitución. Parece que yo haya cogido lo mejorcito de mi familia. Maldita genética.

Bueno, quizá no sean todos iguales. Éste creo que me ha calado a la primera. He intentado ocultarle lo de los vómitos y lo de esa forma de comer que tengo a veces. Bueno, últimamente con demasiada frecuencia, aunque luego no como nada en días. No me ha creído. Lo sé. Estoy segura. No volveré. Qué vergüenza. Sé lo que piensa de mí. Otra loca en la consulta. Hasta la chica de recepción me miraba así. Debe de estar acostumbrada a ver gente como yo, si es que hay más gente como yo, claro. Me miraba con condescendencia. Tan dulce. Tan eficiente. Tan perfecta. En una consulta así no deberían poner a una mujer como ésa en recepción. Con esa melena. Y esa cinturita. Y esas piernas. ¿Estarán liados?

Le diré a Merche que no me ha gustado. No me creerá. Y me obligará a ir a otro. Insistió sutilmente que buscase ayuda psicológica... En ese momento no sentí que pensase que estaba loca. Pero ahora lo tengo claro. No pienso volver. ¡Ayuda psicológica! Pero si yo lo que quiero es perder peso. Bueno, y dejar de vomitar. Y dejar de comer así. Y no tener granos. Ni pelos. Y llevar una vida normal. Y conocer gente. Y salir. Y hacer el amor. Y divertirme. Y ser feliz. ¡Mierda!, quizá sí que necesito ayuda psicológica. Llevo tanto tiempo pensando que los demás creen que estoy loca, que ya casi lo tengo asumido. ¿Qué quiso decir con lo de "eres tu mejor aliado, no te castigues"?. Me dejó sin habla. Debe pensar que soy una tarada.

Aquí estoy, todo el día en casa. Recogiendo la orina de 24 horas. Menudo coñazo. No sé para qué, porque no pienso volver. Ya lo hice hace dos años y salió normal. Pero el señor tenía que pedirla. ¿La habrá recogido él alguna vez? Pues debería hacerlo. Así sabría lo que supone. No puedo salir. No pienso ir con un botecito por si tengo ganas de orinar. Total, tampoco hubiese salido. ¿Con quién?. Con mi madre no, por supuesto. Le dije que me iba de fin de semana con un grupo del hospital. Se extrañó mucho. No me creyó, fijo que no. Y hace tiempo que espanté a mis amigos. Ya nadie me llama. Yo tampoco llamo. ¿Para qué?. "Has ganado peso, Laura". "¿Por qué no te haces la depilación eléctrica?". "Tengo un maquillaje que disimula los granos...". No tengo ganas de escuchar tonterías de nadie. Quizá debería volver. No sé qué hacer. Estoy desesperada. Tengo miedo de entrar en la cocina. Me apetece un café, pero temo salir con varias cosas más. Debería volver. No puedo seguir así. No quiero seguir así. Él me dio un poco de esperanza. Dijo que sería difícil, y que su papel sería secundario. Quizá no es la primera loca como yo que ve en la consulta. Merche me acompañaría si se lo pidiera. No, no quiero que se entere de cómo soy en realidad. Ni hablar. Iré sola. ¿Qué quiso decir con lo de "no te castigues"? Qué vergüenza. Seguro que lo sabe.

- ¿Qué tal te fue? —le preguntó Merche en el vestuario.

- ¿El qué? —respondió evasiva Laura.

- ¿No fuiste al médico el otro día?

- Sí. Bien, gracias –respondió ella forzando una sonrisa.

- ¿Pero te gustó o no? –insistió su compañera, con una percha en la mano.

- Sí. Parece un tipo amable.

- Vale, si no quieres hablar lo respeto –dijo Merche guardando su ropa en la taquilla–. Puede que para ti hacerme una confidencia no nos convierta en amigas, pero te he cogido aprecio y quisiera apoyarte en esto. Prométeme que lo intentarás.

- De acuerdo –Laura se sintió culpable al no querer confiarse a la única persona de su entorno que le había tendido una mano–, te prometo que lo intentaré. En cuanto tenga el resultado de los análisis, volveré a la consulta.

- Ya verás como todo irá bien –la animó Merche estrechándole un brazo–. En un año no te voy a reconocer.

- ¿Un año? –dijo alarmada Laura–, ¿tú crees que necesito tanto tiempo?

- ¡Ay! los jóvenes, qué impacientes sois –exclamó su amiga calzándose los zuecos–. Eres como mi hija. Clavadita. Haríais buenas migas.

Un año. ¡Seré tonta!. No quiero esperar tanto. ¿Y si es más de un año? ¿Y si no lo consigo? No sé por qué esperaba que esto se resolviese mágicamente. Quise creer que por el hecho de ir a ver a un médico se iba a solucionar. En realidad no lo creía. Sólo lo deseaba. Soy una inmadura. Parece mentira la edad que tengo. Ya no soy una niña, pero me comporto como tal. Si ya me lo dijo él, "esto será difícil". Y yo no le escuché. Le oí, pero no le escuché. ¿A qué me voy a enfrentar?. Debería olvidarme de todo esto. Seguir como hasta ahora. Vivir recluida en casa de mi abuela. Con los mismos muebles. Con esa cama vieja donde murió ella. Y acabar convertida en la versión obesa de mi abuela. Zafia y desnaturalizada. Tiránica. Sólo que yo no tendré a nadie a quien tiranizar, porque nadie vendrá a verme. Quizá venga Merche. Estará ya jubilada, y me traerá sus tartas y sus empanadillas. No puedo defraudarla, se lo he prometido. No sé por qué se ha convertido en alguien tan importante para mí. Supongo que porque me trata bien. Y me aprecia. Y valora mi trabajo y mi trato con los pacientes. Quizá es que yo quiero ser como su hija, valiente e independiente. O quizá lo que desearía... es que ella fuese mi madre. ¿Me querría si me conociese?.

Berta

Berta no había abierto la boca en todo el viaje de vuelta. Julián respetó su silencio. Todavía no tenía claro cómo había ido la visita. En una escala de 1 a 10, había estado desagradable en un 4 ó 5. Conociéndola, estaba bastante bien. Recordaba la visita con el médico de la vesícula, hacía tres o quizá cuatro años. Aquel hombre tuvo que hacer verdaderos esfuerzos por no echarla de la consulta. Su mujer era todo un carácter, aunque a veces tenía razón. Él ya se había acostumbrado, y sabía cómo tratarla.

Cuando el taxi paró en el portal de casa, Julián la ayudó a salir del coche. La miró fugazmente a la cara y no supo interpretar con seguridad su expresión. Era una mezcla de altanería y tristeza, a partes iguales. Quizá le remordía el recuerdo de su comportamiento. Si era así, nunca lo demostraba. Parecía de piedra, pero él sabía que no era del todo cierto. De otra manera, no hubiese aguantado 43 años junto a ella.

Había educado a sus cuatro hijos con mano de hierro. Y la verdad es que todos tenían su carrera y éxito en sus vidas. Algo le debían a ella. También era cierto que a veces intentaba manipularlos, pero cada uno había desarrollado sus mecanismos para escapar. Como en todas las familias, suponía.

Berta le precedió caminando hasta el ascensor. Estaba fatigada y caminaba con cierta dificultad. Aparentaba más de los 63 años que tenía. Julián sospechaba que le ponía un poco de teatro a su forma de caminar. Cuando la veía moverse por el pasillo de casa, caminaba más ligera. Aún así la quería. Pensaba que era su forma de pedir atención. Después de tantos años, ambos seguían con sus mismos roles.

Cuando entraron en casa, ella se dirigió directamente a su butaca, junto a la ventana. Con el pie izquierdo intentó sacarse el zapato contrario. Como no podía, empezó a irritarse y a mascullar entre dientes. Él se agachó y la ayudó a descalzarse. Llevaba unos zapatos con tres dedos de tacón, su estilo habitual para salir a la calle. Observó la porción de piel hinchada que sobresalía en el empeine, entre los bordes del zapato. ¿Por qué se empeñaba en seguir calzando ese modelo? Debía de ser una tortura.

- Gracias – dijo la mujer, suspirando aliviada.

- Deberías cambiar de calzado –se atrevió a decir Julián, pero ella cerró los ojos y levantó la mano derecha, signo de que no quería iniciar una discusión–. Y bien, ¿no vas a decir nada? –prosiguió cambiando de tema.

- ¿Qué quieres que te diga? –dijo finalmente Berta–. No me apetece volver a empezar...

Julián la observó detenidamente. Su mujer miraba por la ventana. Tenía la mano derecha en el cuello, jugueteando con las perlas de su collar, en ese gesto tan característico suyo cuando reflexionaba sobre algo. Estaba más abatida que de costumbre.

- Pues volveremos a empezar... –dijo él animosamente.

- ¡Claro! Como no eres tú el que debe sacrificarse –le interrumpió–. Total, si ha dicho que no tengo solución –continuó.

- Eso no es cierto –replicó Julián, sentándose en la otra butaca, frente a ella.

- ¿Ah, no?. Tú estabas delante.

- Lo que ha dicho es que llegamos un poco tarde. Que no deberías haber tardado tanto en consultar, en esperar sin hacer nada. Y que tus posibilidades actuales de incrementar la actividad física, con tus piernas, están muy limitadas. Pero que siempre se está a tiempo de mejorar.

- ¿Esperar tanto? –preguntó Berta con rencor–. Sabes que llevo años de un sitio para otro, buscando solución. Me han pinchado en los muslos, en la barriga, me han puesto máquinas, rayos, sonidos, barros, masajes, cremas... Y el dineral que nos hemos gastado para nada.

- Cierto –dijo el hombre, preparándose para discutir–. Pero también es cierto que has hecho todo eso y no lo que debías. Nunca has intentado de verdad cambiar tus hábitos de alimentación e intentar moverte un poco más.

- Y entonces, ¿para qué les he pagado? –objetó con escepticismo.

- Me temo que esto no funciona así.

- ¿No? –preguntó ella con ironía–, pues cuando voy al abogado le pago para que me resuelva los asuntos que le planteo. Y eso es lo que hace.

- Berta, sabes que no tienes razón –dijo Julián con desazón–. Hazte los análisis que te ha pedido, y procura intentar esta vez hacer lo que te dicen. Recuerda también que te dijo algo más; dijo que tú también podías hacerlo, y yo lo creo, ¡tú también puedes!

Su mujer lo miró de una forma extraña. Había un cierto anhelo en su expresión. Julián pensó que estaba envejeciendo, los dos lo estaban haciendo. Durante años, el duro carácter de su mujer lo había abrumado, pero ahora sentía que ella lo necesitaba más que nunca. Quizá era él el fuerte, y ella la débil. Pero nunca se lo diría. No quería herirla gratuitamente.

Jaime

- ¡Hola, ya he llegado! –dijo Teresa en voz alta al entrar en casa, al tiempo que dejaba las llaves en la cómoda del recibidor y colgaba el abrigo en la percha de pared.

- Estoy aquí –contestó Jaime.

- ¡Ah!, hola –saludó entrando en el comedor y dándole un beso–. Siento no haber podido acompañarte al médico, pero al final Belén no me ha cambiado el turno, no sé qué tenía que hacer por la tarde con el niño, algo del colegio.

- Es igual –dijo Jaime bebiendo un trago al botellín de cerveza que llevaba en la mano. Estaba sentado en la mesa, delante del ordenador portátil, del que salía una música suave–. No pasa nada.

- ¿Qué haces? –preguntó ella sentándose a su lado, mirando de reojo la cerveza.

- Estoy cuadrando el mes, con las reparaciones. Como he salido antes del trabajo, no me ha dado tiempo a hacerlo en la fábrica.

- Bueno, ¿y qué tal te ha ido? –preguntó Teresa animada–, ¿qué te han dicho?

- Pues nada… Lo de siempre –respondió él con desánimo–. De verdad, es que es lo mismo que otras veces. Que tengo obesidad, que la cintura me mide sé cuánto… Y que tengo que perder peso y hacer ejercicio.

- ¿Y te ha gustado? –volvió a interrogar Teresa, armándose de paciencia–. Quiero decir, lo que te ha dicho ¿te convence? Te habrá dado algunas pautas ¿no?, ¿le habrás llevado los análisis?, espero.

- Sí, claro. Ahí están. La doctora que me ha atendido me ha dado varias cosas. Lo he dejado encima del aparador, por si te lo quieres mirar. Y me lo ha explicado muy bien –continuó tras acabarse la cerveza.

- Pues ahora lo miraré –dijo ella con verdadero interés en colaborar–. ¿Tú te sientes con ganas de hacer algo?

- Ganas, lo que se dice ganas... —murmuró Jaime señalando la botella de cerveza.

- Ya me lo imagino –dijo Teresa comprensiva–. Sé perfectamente lo que te ha costado decidirte a consultar. Y que sepas que me alegra mucho que lo hayas hecho. Estoy preocupada por ti...

- Pues esa ha sido la razón fundamental por la que he ido –admitió Jaime–, ya lo sabes.

- Te lo agradezco. Pero... –empezó a hablar Teresa, sin tener muy claro lo que quería transmitir–, yo creo que... Creo que en realidad lo debes hacer por ti. No por lo que yo desee. A mi me preocupa tu salud, pero yo te he conocido como eres y me gustas así. Pero es tu salud. Y tú deberías ser el más interesado en mantenerla, ¿no crees?

- Debes de tener razón, sí... –afirmó Jaime recostándose sobre el respaldo de la silla–, pero es volver a empezar otra vez. Ve a comprar al supermercado la verdurita y el pescado, come lo que debes y no lo que te apetece, no tomes cerveza, si sales el fin de semana, nada de cubatas.... y toda la mandanga esa.

- Habrá alguna posibilidad intermedia –apuntó ella–, ¿no te parece?

- ¿Intermedia? –interrogó el hombre poniendo cara de incredulidad–. Tú sabes que para mí la cena es la mejor comida del día. Llegamos a casa, me relajo por fin, y lo que me apetece es cenar algo consistente. Que me paso todo el día currando como un bestia, de aquí para allá. Es el placer que me permito cada día, cuando ha acabado la jornada. Y tomarme una cervecita. Y que abramos una botellita de vino... Al final parece que esté cometiendo un delito. Si sabes que salgo de casa por las mañanas sólo con un café. Y que, la mayoría de veces, como cualquier cosa por ahí. Pero por la noche y el fin de semana, pues me gusta disfrutar un poco de la vida...

- Yo, Jaime, todo eso lo entiendo –concedió Teresa poniéndole una mano en la rodilla, con gesto cariñoso–, pero... me temo que las cosas no funcionan así. Quiero decir, que algo de razón tienes, y de vez en cuando hay que disfrutar. Pero a lo mejor no puede ser todos los días. Piensa que tú trabajas mucho, pero te trasladas siempre en la furgoneta, y con las reparaciones no gastas mucha energía física. Y los fines de semana no nos movemos nada. Yo creo que es inevitable, con el ritmo de vida que llevamos, que todo esto nos pase factura. Yo al menos aún voy a pilates por las mañanas, pero tú, lo más cercano al deporte que haces es ver el fútbol en la tele.

- Pues eso es justo lo que me gusta hacer –dijo Jaime, encogiéndose de hombros–... yo soy así.

- Vale –aceptó Teresa sin darse por vencida–, pero ¿tú no crees que haya alguna situación intermedia? ¿Cómo has quedado con la médico?

- Que empiece a hacer lo que me ha indicado –comenzó a explicar Jaime–. Y que haga deporte –comentó levantando una ceja–. Y en dos meses me tengo que repetir esa analítica –añadió, señalando con la barbilla unos papeles de encima de la mesa–. Según cómo estén, me dará medicación o no.

- Parece razonable –asintió Teresa–. Ahora me miraré bien lo que te han dado, pero, lo que yo intento decirte, es que seguro que hay algunas cosas que podamos cambiar. Es decir, si no te ves capaz ahora de cambiar al cien por cien, quizá puedas llegar al cincuenta, o al treinta, ¡no sé!, supongo que cualquier cambio positivo, por pequeño que sea, será mejor que no hacer nada, ¿no?

- Quizá sí... –admitió él empezando a cambiar la expresión.

- Además, tú ya tienes experiencia en cambiar de hábitos –expuso Teresa con perspicacia– ¡fuiste capaz de dejar de fumar!

- No es lo mismo. Dejé de fumar porque me acojoné cuando tuve la segunda bronquitis, que me ahogaba. De todas formas, es posible vivir sin fumar, pero no es posible vivir sin comer....

- De acuerdo –reconoció ella, más prudente–. Veamos qué podemos cambiar. Por ejemplo, la cerveza cuando llegas a casa. Podrías eliminarla... y beber dos deditos de vino con la cena. O al revés ¡no sé!. Lo que tú decidas. Y el fin de semana, te bebes una o dos cañitas, en vez de varios botellines. Y reducir los cubatas si salimos...

- Vale, fuera cerveza –afirmó Jaime con sinceridad–. Decidido. ¿Qué más propones?

- La cena. Yo puedo comprar por las mañanas sin problemas. Y cuando lleguemos por la noche, cocinamos algo, como los fines de semana. Total, llegamos normalmente sobre las nueve. Nos da tiempo perfectamente a prepararla, aunque cenemos un poco más tarde... Incluso algún día yo puedo dejar algo a medias por la mañana. ¡Si es lo que he hecho siempre!, hasta que te conocí...

- Bueno, yo también podría ir a comprar por las mañanas...

- No cariño –dijo ella, realista–. No te da tiempo. En todo caso podemos ir juntos el sábado.

- De acuerdo –asintió Jaime.

- Ahora nos queda hablar del ejercicio... –añadió Teresa con cautela.

- Ya... –musitó Jaime, volviendo a su actitud taciturna.

- ¿Qué crees tú que podrías hacer?

- No sé –empezó a decir Jaime–. Había pensado que, en vez de coger los dos autobuses, puedo ir andando hasta la parada del autobús que va al polígono. Total son veinte minutos.

- Me parece bien...

- Pero... –añadió indeciso–, me ha dicho que caminar es insuficiente para que pierda peso. Otra cosa que se me había ocurrido es comprarme una bici para ir a trabajar...

- Ni hablar Jaime –expresó ella con convencimiento–, la autovía es peligrosa.

- Pero podría ir por los pueblos –expuso Jaime–, por la antigua carretera.

- No –dijo Teresa negando con la cabeza–, por ahí hay mucho tráfico, y aquello no está preparado para ir en bicicleta.

- Sí, tienes razón –admitió él, oponiendo escasa resistencia.

- De todas formas –continuó Teresa después de unos segundos–, eso si quieres ya lo pensaremos, creo que por hoy ya hemos avanzado bastante. ¿Quieres que prepare la ensalada esa que te gusta? –preguntó levantándose–, la de huevo y atún.

- Vale –dijo el hombre con poco convencimiento, cerrando el portátil y poniéndose también de pie–, te ayudo.

Leo

- Toma, la barra está a reventar —dijo Pilar, al tiempo que dejaba los dos combinados en la mesa del pub—, y eso que es jueves.

- Ya sabes la marcha que hay por aquí los jueves —respondió Leo.

- Pues tú mucha cara de marcha no tienes.

- Estoy cansada —comentó Leo frotándose los ojos—. Curro un montón de horas y para mañana al mediodía tengo que presentar el informe semestral.

- Sí, pero te estás forrando —añadió la otra cínicamente.

- Tú tranquila, eterna becaria —replicó Leo en el mismo tono—. Yo te invito a las copas.

- ¡Venga!, algo más te pasa. ¿Qué es? —preguntó Pilar, que conocía bien a su amiga.

- Pues... que no debería haberle contado a mi madre la conversación con Mª Jesús, la médico de la empresa.

- ¡Tía! ¡estás loca! —exclamó Pilar incrédula—, ¿cómo se te ocurre hacer eso?

- ¡Yo qué sé! —se lamentó Leo con expresión de fastidio—. Comí en su casa ese mismo día y me notó que algo me pasaba. Al final se lo conté.

- Pues ya la tienes liada —pronosticó Pilar.

- ¡Y tanto! Me ha estado taladrando dos semanas, me pidió visita con el médico ella... y al final fui el martes.

- Se ha pasado un poco, ¿no crees?. Ya eres mayorcita para decidir por ti misma.

- Ya, pero me sabe mal —reconoció Leo levantando un hombro—. Está preocupada. Con la historia de mi padre... no es para menos. Me da pena, está más preocupada ella que yo.

- Bueno, ¿y qué tal te fue? —preguntó Pilar con escaso interés.

- Deprimente —contestó frunciendo los labios—. Tampoco me dijo mucho más de lo que me había dicho Mª Jesús, pero fue más insistente. Hoy me he pinchado la analítica.

- ¿Otra? —interrogó Pilar extrañada—, ¿pero no te habías hecho una para la revisión de empresa?

- Sí, pero dijo que necesitaba una más completa —manifestó Leo con sarcasmo—. A veces creo que piden por pedir.

- Sí, ¡como no es su sangre! —exclamó Pilar con un hielo del combinado entre los dientes—. Pues haberle dicho que no.

- Pero si lo del análisis es lo de menos —comentó Leo—. Lo que pasa es que todo esto, con mi madre por el medio, se me está yendo de las manos.

- Ponle freno. Tú vas de independiente y de autosuficiente, y de que nadie te tiene que decir lo que has de hacer con tu vida, ¿y ahora te dejas manipular?

- ¡Pilar, que no sólo es eso! —aseguró Leo, claramente molesta.

- Entonces ¿qué es? —interrogó la otra, levantando de nuevo el vaso para coger otro hielo—. Porque yo no te acabo de entender. Llevas años comiéndome la cabeza de lo bien que te sientes con tu cuerpo, y que no tienes complejos, y que ligas todo lo que quieres. Tú eres la de "ligar es una cuestión de actitud". ¿Y ahora?

- ¡No sé tía! Tengo un poco de lío —reconoció—. ¿Y si tienen razón? ¿y si lo que pretendo es negar la evidencia? ¿y si acabo como mi padre? ¡yo me pego un tiro!

- ¡Bah!, no exageres —dijo Pilar con despreocupación—. Hemos salido a divertirnos y me estás poniendo mala. Casi no has probado el cubata, y yo ya me lo he acabado. Tanto médico te está poniendo paranoica.

- ¿Sabes lo que me dijo casi al final de la visita? —preguntó Leo, después de unos instantes.

- Ni idea —contestó su amiga, apurando las últimas gotas de su bebida— Cualquier cosa.

- Me dice: "tú decides cómo quieres estar".

- ¿Pero a qué se refería? —preguntó Pilar, tomándoselo como un acertijo—, ¿a estar delgada?

- No, no lo sé bien —respondió pensativa—. Yo entendí que se refería al futuro. Algo así como que yo tenía la capacidad de cambiar. Que si ahora decidía seguir igual, que no podría cambiar lo que me pasase en el futuro.

- ¡Mira tía! no le des más vueltas —dijo la otra, negando a su vez con una mano—. Nadie sabe lo que le va a pasar. Igual te cae una maceta, o te atropella un coche o te sale un tumor. No puedes vivir todo el día con miedo de lo que vendrá.

- Ya, ¿pero y si no te pasa nada de eso? —preguntó Leo, como para sí misma—, ¿y si llega el momento y te arrepientes de no haber hecho nada por mejorar?

Germán

- ¡Pero si yo como menos de lo que me ha dado! —dijo Germán a su mujer al salir de la consulta.

- Eso no es verdad cariño —respondió Eva poniéndose la chaqueta—. Lo que pasa es que en la consulta yo me callé.

- Dice que coma dos platos en la comida y en la cena.

- Sí Germán, pero que uno sea verdura o ensalada, y el segundo lo que haga mi madre pero mucha menos cantidad —contestó ella remarcando con el índice derecho las tres últimas palabras.

- La otra es tu madre…

- Ya, ya —dijo Eva arrugando la frente—. Ahora me tocará explicarle algunas cosas sobre la comida del mediodía, ¡a ver quién le hace cambiar a estas alturas! De Albacete que es, imagínate. El aceite que se trajo del pueblo, se puede cortar con cuchillo. En vez de lentejas con chorizo, hace chorizo con lentejas.

- Y bien buenas que están —dijo su marido imaginándoselas.

- Sí, así te va.

- Tampoco como tanto habitualmente —respondió Germán, dignamente, parándose en el semáforo—. El fin de semana no te digo que no.

- Pues ya lo verás, cuando llegues a casa y seas consciente de la cantidad que te ha recomendado de garbanzos, patatas, pasta y todo eso.

- Pues ya lo veremos —contestó él desafiante.

- Y el aperitivo de antes de comer, fuera —dijo ella imperativamente.

- ¡No ha dicho nada del aperitivo! —replicó Germán empezando a cruzar la calle.

- ¡Claro que no!, es que no hacía falta que lo dijera. Ya ha comentado las calorías que tiene el alcohol y los frutos secos.

- ¡Pues qué bien!. Casi podrías abrir tú una consulta, ya que lo sabes todo. ¡Cuidado con la moto! –gritó el hombre, al tiempo que agarraba con fuerza el brazo de su mujer–. ¡Van como locos!

- ¡Pero si estaba a un metro de mí! –le gritó a su vez Eva.

- Nada, la próxima vez dejo que te atropelle –declaró Germán dolido.

Siguieron caminando en silencio hacia el lugar donde tenían aparcado el coche. Cada uno enfrascado en su propio enfado.

- Germán –continuó hablando Eva unos minutos después, con intención de hacer las paces–, ¿tú que es lo que quieres?, ¿no querías perder peso?

- Sí, pero me da mucha pereza cambiar ahora –contestó en un tono más calmado–. Llevo unos meses jodido, ya lo sabes. Lo he pasado francamente mal, y ahora que empiezo a encontrarme mejor... El mediodía es el único rato que tengo de tranquilidad, hasta que tú llegas a comer.

- ¡Hombre! Gracias por la parte que me toca... –respondió entrando en el coche.

- ¡Si no lo digo por ti! –se defendió él, encendiendo el motor–, abróchate bien el cinturón, anda.

- ¿Entonces por qué lo dices? –preguntó ella mirándolo fijamente.

- Ya lo sabes Eva, por la mañana saca al perro, luego corriendo al colegio, por la tarde otra vez al colegio, después recoge a los niños, la merienda, las actividades extraescolares, la compra, haciendo de taxista...

- Pues como todo el mundo, ¿qué te crees? –dijo Eva, cansada del mismo tema de siempre–. Y da gracias a que tenemos a mi madre cerca, que si no...

- Ya lo sé, por eso lo digo –aceptó Germán colocando bien el retrovisor, aprovechando que el semáforo estaba en rojo–. Ese rato que estoy en casa al mediodía es el momento en que me relajo, puedo leer o preparar las clases con tranquilidad, con mi aperitivo...

- Pues tú verás, tú decides lo que quieres hacer –dijo su mujer en tono neutro–, pero la espalda ya ves cómo la tienes, y no somos tan mayores.

- Tienes razón – admitió de nuevo enfadado, mirando fijamente al coche que circulaba delante – como siempre.

- No te enfurruñes –dijo Eva acariciándole la nuca–. ¿No crees que te sentaría bien nadar en ese rato? el sitio te gustó.

- Sí, las instalaciones están bastante bien, y supongo que me iría bien para la espalda…

- ¿Entonces? –interrogó la mujer sin retirar la mano de su nuca.

- Pues que me tendría que llevar todo lo de la piscina al colegio por la mañana, y llegaría justo para comer y volverme al colegio.

- ¡Menudo problema! –exclamó Eva enojada, retirando la mano del cuello de su marido–. Pues te lo llevas todo al colegio, ¡si no hay más remedio! Yo te puedo recoger de la piscina en el coche. Y aún te quedaría una hora para comer. Yo creo que es realizable, y por la noche descansas un poco.

- Por la noche corrijo exámenes y tengo que practicar el chelo… ¡y encima hay que volver a sacar al perro! –se quejó.

- Que lo saque el niño, que ya empieza a tener edad. Nuestros hijos querían tener perro, pues que se responsabilicen también de cuidarlo. Yo desde luego no pienso bajarlo, y si no, se da el perro.

- ¿Cómo vamos a dar el perro? –se alarmó.

- Si yo no quiero darlo, también le he cogido cariño –empezó a decir Eva, girándose hacia su marido–, pero es que llevamos mucho lío cada día y tendremos que repartir tareas o suprimir. Yo lo veo así. Y tú te tendrás que cuidar.

- Tienes razón, como siempre –masculló Germán, mientras maniobraba para aparcar.

- ¡Germán! ¡no me digas eso más! –exclamó ella, enfadada–. Te han operado la espalda, te sobran quince quilos, no haces nada de ejercicio, yo trabajo como una loca, llego a la noche cansada y quiero que nos organicemos de otra manera. No me gusta vivir siempre agobiada y de mal humor. Tendremos que hacer algo por mejorar, y tú no pareces dispuesto a cambiar nada. Te has puesto en la consulta a discutirle al médico lo del bocadillo de tortilla de la mañana… ¿es que tú no te oías?. Mira la barriga que tienes y quieres que desaparezca desayunando media barra de pan con tortilla de patata y cenando como un marajá.

- ¿Has terminado? –preguntó Germán, muy serio–. Es que ya hemos llegado. Puedes bajar del coche.

- Lo siento –se disculpó Eva– es que yo también estoy agobiada, y… estoy preocupada por tu espalda Germán. Lo que te han hecho no es una broma, y tú no le das importancia, no parece que vaya contigo, como si le hubiera ocurrido a otro, pero yo lo paso mal ¿sabes?, el traumatólogo ese dijo… –tenía lágrimas en los ojos– que te podrías quedar cojo o en una silla de ruedas…

- No exageres –abrazó a su mujer–, no fue así, a largo plazo quizá, si no lo solucionábamos. No fue tan tremendista. Ya verás como todo irá bien. Yo me encuentro mucho mejor. En unos meses no me vas a reconocer, te lo prometo.

Elvira

- Ya sabía yo que no tenía que haber venido –masculló Elvira, apretando varias veces el botón de llamada del ascensor.

- ¡Chica! –le recriminó Pura–, no sé por qué te lo tomas así. La mujer ha sido encantadora.

- Sí, claro –dijo Elvira, abriendo la puerta con brusquedad–, porque tú no eras la paciente.

- No es verdad –negó la otra, entrando en el ascensor–. ¿Qué botón es? –preguntó, acercándose al panel con los párpados entrecerrados.

- ¡Este! –exclamó su hermana, al tiempo que apretaba el botón de la planta baja.

- Pero, ¿a ti qué es lo que no te ha gustado? –preguntó Pura intrigada.

- ¡Pues todo! –declaró Elvira enojada–. No ha dicho más que sandeces esa chica.

- No estás siendo justa Elvira –comentó Pura con paciencia–. La mujer te ha explicado muy bien las cosas, y te ha dedicado mucho tiempo.

- Sí, como un libro abierto –ironizó Elvira con desdén, saliendo precipitadamente del ascensor.

- ¿Viene Cosme? –preguntó Pura al salir a la calle.

- Vendrá, cuando venga –contestó la otra enigmática, cruzándose de brazos, atrapando el bolso debajo del brazo derecho–. Ya lo conoces. Con él no hay hora.

- ¿No quieres intentar hacer lo que te ha dicho? –le interrogó Pura, pasado unos minutos.

- ¿Qué haga qué? –inquirió Elvira enojándose de nuevo–, ¡si no me ha dicho qué tengo que comer!

- Mujer... –apuntó Pura con extrañeza–, te lo ha explicado varias veces.

- ¡Ah!... ¿sí? —dijo Elvira sacando los papeles arrugados del bolso—. ¿Tú ves aquí lo que tengo que comer?

- No te entiendo hija —repuso Pura mirando por encima los papeles que le mostraba su hermana—. Aquí tienes la distribución diaria, y los consejos de cómo debes cocinarlo y todo eso.

- ¡Pero eso no es lo que yo quiero! —exclamó la otra de malos modos.

- Y... ¿qué es lo que quieres? —preguntó Pura con sinceridad.

- ¡Pues lo de siempre! —continuó Elvira en el mismo tono—, que me diga qué debo comer mañana, y pasado, y al otro...

- ¡Ah! —dijo Pura, haciéndosele la luz—, tú lo que quieres son menús cerrados para varios días.

- ¡Claro! —subrayó Elvira, haciendo un gesto de vehemencia con la mano en la que sujetaba los papeles—, a mí es lo que me va bien.

- Pero eso va un poco en contra de lo que te ha dicho —replicó su hermana con inocencia—, si lo que ella te propone es cambiar de hábitos, tendrás que aprender a ver qué es lo que te conviene comer cada día, dentro de lo que tú acostumbras a hacer. Pero claro, siguiendo las pautas que ella te recomienda.

- Eso son tonterías —clamó Elvira cada vez más irritada—, ¿cómo voy a comer de lo mismo que le cocino a Cosme?, o cuando vienen los chicos...

- Pues que se adapten un poco los demás también —razonó Pura—, que a tu marido no le vendría mal tampoco...

- Ni hablar. Yo prefiero hacerme lo mío, y los demás que arreen.

- Ya... y luego te quejas de que tienes que cocinar dos veces —continuó Pura, convencida de tener la razón—. Y ya te ha avisado de que esa es la forma más rápida de que dejes de hacer bien las cosas...

- Pues ese es problema mío —concedió un poco más calmada—. Yo prefiero que me diga lo que tengo que hacerme hoy para comer y para cenar, y así varios días.

- ¿Y te vas a pasar la vida comiendo todos los lunes lo mismo?, y los martes, y los miércoles...

- Pues evidentemente ¡no! —dijo Elvira, contrariada por la actitud de su hermana—, pero mientras haga dieta, pues sí.

- ¡Pero ese es el problema! —exclamó la otra, extendiendo los dedos de ambas manos—, ¿es que no la has escuchado?, la intención no es hacer dieta un tiempo, que eso te sirve para poco. Y luego, cuando vuelves a tus costumbres, lo recuperas todo. ¡Cómo te pasa siempre!

- No me convences —negó con seriedad Elvira, sin querer reconocer que su hermana tenía razón—. Yo venía con otra idea y esto que me ha dado es un galimatías.

- Yo no lo veo así —le contradijo Pura, ahora también molesta—, lo que pasa que eso requiere un poco de esfuerzo. Y ya te ha dicho que en las próximas visitas le cuentes los problemas que te hayan surgido, o lo que no hayas entendido bien.

- Y Cosme sin venir... —murmuró Elvira, tras unos minutos de silencio, queriendo cambiar el rumbo de la conversación.

- Y del ejercicio, ¿qué vas a hacer? —preguntó Pura, reacia a abandonar el tema.

- ¡Esa es otra! ¿Tú te crees que ahora me voy a poner a correr?

- No te ha dicho eso —negó de nuevo Pura, empezando a darse por vencida—. Te ha puesto ejemplos de lo que sería ideal, pero que busques aquello que puedas hacer. Podrías... ir a nadar, por ejemplo.

- ¡Ni loca! —le cortó Elvira abriendo mucho los ojos—. ¿Tú me ves a mí yendo a la piscina? A estas alturas me voy a pasear por ahí en traje de baño y gorro...

- Pues vente a caminar con Gumer y conmigo —expuso Pura, con poco énfasis—, que vamos cada mañana.

- Pero si ha dicho que caminar es poco —dijo Elvira a la defensiva.

- Sí, pero también ha dicho que es mejor que no hacer nada... —terció la otra, cerrando un ojo—... que es lo que haces ahora.

- Deja, deja. Ya hago bastante faena en casa —concluyó Elvira, cansada de la discusión—. ¡Mira!, ya lo tienes ahí, con toda su pachorra. ¡Es imposible que este hombre llegue puntual! —continuó diciendo mientras se metía entre dos coches aparcados junto a la acera.

Lorena

- ¿Qué te ha parecido? —preguntó Lorena a su hermana, cuando salieron de la clínica.

- ¡Genial! —respondió Vero con su habitual suficiencia—, pero vamos, que no te ha dicho nada que no supieses ya, ¿no?

- Sí, ya… —concedió Lorena—, pero es diferente si te lo dice el médico, en lugar de tu hermana "la bocas" —dijo con guasa.

- ¡Vete por ahí! —exclamó Vero empujándola con cariño—. Vamos a tomar un café en el parquecito.

Verónica se sentía de mejor humor con respecto a su hermana. Había empezado a hacerle caso con las comidas y, para su sorpresa, había decidido consultar al médico. A cambio, Ester no le hablaba. Anduvieron en silencio hasta que se sentaron en una terraza al aire libre, aunque hacía viento, pero se podía fumar. Pidieron dos cafés al camarero, nada de comer.

- ¿No te pides el cruasán? —preguntó Vero con ironía.

- ¡Qué cerda eres! —le contestó Lorena en el mismo tono.

- El médico ha flipado cuando le has explicado lo que comes entre semana —dijo Vero inquisitiva.

- ¡Qué dices tía! —respondió la otra, segura de sí misma—, debe de estar acostumbrado ya. Yo creo que lo que más le ha extrañado es que lo único que me preparo yo misma, para comer, sea la leche de la mañana.

- Es que eres muy vaga, tía. Yo también flipo contigo. ¿Les vas a decir a papá y mamá que has ido al médico? —preguntó de nuevo, removiendo el café.

- No sé —contestó Lorena pensativa, encendiendo un cigarrillo—. No quiero que se agobien. Mamá es capaz de venirse a vivir con nosotras entre semana…

- ¡Aaaaah! —exclamó Vero, poniendo cara de ataque de pánico—. ¡Prefiero aguantar a Ester! yo emigro.

- Pero... ¿no se darán cuenta de que he utilizado la tarjeta del seguro? —insinuó Lorena preocupada.

- ¡Para eso está!, ¿no? —respondió Vero resueltamente—. Además, ahora en serio, creo que deberías decírselo, al fin y al cabo son nuestros padres. Todo depende de cómo se lo plantees. Si te ven agobiada e incapaz, es normal que se preocupen. Pero si lo planteas como... no sé, que lo tienes claro, que sabes lo que tienes que hacer, pues no creo que pase nada. Son razonables, pesaditos a veces, eso sí...

- No sé, tía —dijo su hermana dubitativa—. Mamá a veces se agobia un poco con eso de que estemos solas. Sólo falta que piense que no comemos bien.

- Pues no le digas que comes mal —dijo Vero con espíritu práctico—, dile que comes mucho y que vas a intentar cuidarte. Así aprovechamos para que no cocine tanto el fin de semana.

- Bueno, ya pensaré cómo se lo digo —comentó Lorena apagando el cigarrillo.

- ¿Cuándo te vas a hacer la analítica?

- El viernes, que no tengo clase hasta las diez. Mañana tengo que estar a las ocho, tengo seminario. Y aún lo tengo que preparar esta noche.

- ¿Mañana te vienes a correr? —preguntó Vero con una sonrisilla en la boca.

- Bufffff —resopló— ¡Qué pereza!

- ¡Venga tía! —insistió Vero, animada de estar venciendo la resistencia de su hermana—. Ya has oído lo que te ha dicho, tienes que cambiar tus costumbres y el ejercicio es fundamental.

- ¡Pero correr! —exclamó Lorena—, si no corro desde el instituto. Estaba pensando en mirar el gimnasio de al lado de casa.

- Yo ya fui y está muy bien, pero es carillo... Y no quiero pedirle más pasta a papá.

- Sí, tienes razón —admitió Lorena contrariada—. No sé si tengo zapatillas de deporte... —continuó diciendo unos minutos más tarde.

- Pues míralo cuando lleguemos —la animó su hermana—. Y si no tienes, las buscas en casa el fin de semana, los pies deben de ser lo único que no te han crecido en un año…

- Te crees muy graciosita —dijo Lorena, sin poder evitar una sonrisa—, pero no lo eres, ¿sabes?. Vámonos, que me estoy quedando congelada.

Adelaida

- ¡Yo no vuelvo más! –gritaba Adelaida, corriendo por los pasillos del ambulatorio, todo lo rápido que le permitía su cuerpo–. ¡No vuelvo más!

- ¡Cálmate! –le decía Reme persiguiéndola–, ¡qué te va a dar algo!

- ¡Qué se han creído!, cambiarme de médico si avisar –gesticulaba la otra con los papeles que le había dado la médico en la mano–. Así va el país, hacen lo que quieren con nosotros. ¡Qué vergüenza!. Ocho años con el Dr. Rodríguez y ahora tengo que venir con esta niña. ¡Ni hablar!

- ¿Quieres calmarte, por favor? –Reme la cogió del brazo en la puerta giratoria que daba a la calle–. ¿Pero no tienes que ir a programación?

- ¿Yo?, no me pienso visitar más aquí –seguía gritando Adelaida, soltándose de la mano de su amiga y saliendo a la calle–. Lo que haré es poner una reclamación. ¿Qué se ha creído esa niñata?

- Vale, vale. Vámonos –dijo alcanzándola en la calle, en dirección a la parada del autobús.

- ¡Qué disgusto!, ¡qué bochorno! –iba recitando Adelaida, ahora ya como una letanía, abanicándose con los papeles que llevaba en la mano. Tenía la frente y el labio superior perlado de sudor.

- Pero vamos a ver, ¿qué es lo que te ha molestado tanto? –le preguntó Reme situándose a su lado en la cola del autobús.

- ¿Pero es que no has oído las barbaridades que me ha dicho esa chica? –contestó abriendo mucho los ojos.

- Pues a mí me ha parecido una doctora excelente –dijo Reme en tono tranquilo–... y paciente, la verdad. No sé cómo te ha aguantado tanto rato.

- ¿Cómo? –ahora Adelaida la miraba con los ojos desorbitados–. ¡Pero si es una cría!, ¿cómo se atreve a decirme lo que me ha dicho?

- Vamos –dijo la otra empujándola suavemente–, que ya está aquí el nuestro. Sube, que yo llevo el bono.

Adelaida se sentó en un asiento doble y, después de pagar, Reme se quedó de pie a su lado. No cabían las dos. Adelaida miraba por la ventana con gesto muy serio y su amiga la observaba en silencio. Finalmente se decidió a hablarle:

- Mira, con mi marido he conocido a muchos médicos, unos mejores y otros peores, como todas las demás personas, algunos maravillosos de verdad, y otros para matarlos. Te aseguro que esta doctora me ha parecido muy profesional, incluso preocupada seriamente por ti. Sólo te ha dicho la verdad. Lo que pasa es que tú no quieres escucharla.

- La verdad tiene diferentes versiones, según el que la mira —dijo finalmente Adelaida.

- No te digo que no, pero hay cosas que no tienen vuelta de hoja —dijo Reme en voz baja—. Los análisis te han salido fatal, peor que hace seis meses. El promedio ese del azúcar lo tienes al 10, que parece ser que es una barbaridad y los trigli-ce-lidos —Reme se trabó un poco hablando—, bueno, ¡eso!, a 500. Y la tensión fatal, y has ganado peso. Y hoy me he enterado de que no te tomas bien las pastillas, y la insulina...

- ¡La insulina nunca me la dejo de poner! —casi gritó Adelaida—. Las tres veces al día. Si ella se la tuviese que pinchar no lo vería tan fácil.

- Por favor no chilles —dijo Reme en voz más baja todavía—. Ella no ha dicho que no te la pongas, pero te lo tenía que preguntar, ¡si estás fatal!, ¿Qué va a pensar?

- ¡Pero si le faltó llamarme embustera! —se dolió Adelaida—. Roja de vergüenza me he puesto.

- No ha sido así, yo estaba delante —replicó Reme pacientemente—, y los controles del azúcar que te pinchas en el dedo ni se los has llevado.

- Con el doctor Rodríguez nunca me había pasado esto —dijo justificándose.

- Claro que no, por eso con él duraba la visita cinco minutos y con esta doctora has estado por lo menos veinte.

- ¡Eso! —dijo Adelaida enfadada, en un tono más bajo—, tú ponte de su lado.

- Yo estoy de tu lado... y ella también —la recriminó, un poco exasperada—, ¿pero de qué lado estás tú?, porque parece que todo esto no sea por tu bien. Ya te han dado láser dos veces en la vista, y dice que el riñón... bueno, eso de las proteínas en la orina, está peor. ¿Es que te quieres quedar ciega?

- ¿Te crees que me importa? —dijo Adelaida después de unos segundos de silencio, ahora con un deje de tristeza—. Venga, que la próxima parada es la nuestra.

Reme le ayudó a ponerse en pie, pero con el autobús en marcha, Adelaida volvió a caer sobre el asiento, dándose un golpe en la espalda. Volvió a levantarse, poniéndose roja del esfuerzo, y Reme vio que tenía lágrimas en los ojos. Por primera vez sintió una intensa pena por su vecina. La sujetó mientras bajaban y caminaron despacio hacia el portal de su edificio. Inconscientemente Reme seguía sujetándola del brazo mientras caminaban en silencio. Ella tenía 6 o 7 años más que Adelaida, pero estaba mucho más ágil. Aunque no la quería mirar, escuchaba a su acompañante respirar fatigada.

La conocía desde hacía muchos años y la había visto cambiar a lo largo del tiempo. Nunca había sido delgada, al menos desde que ella la conocía, pero con el primer embarazo engordó una barbaridad, y así se quedó después. Luego tuvo todos esos problemas con los embarazos, que los perdía ya preñada de muchos meses. ¡Qué desgracia!. Mientras, ella ya tenía casi criados a sus tres hijos. Por aquella época ya empezaron a tener una buena amistad y Jesús se quedaba en su casa cuando llevaban a su madre al hospital. Luego fue Adelaida la que se volcó con ella cuando su marido enfermó. ¡Pues no les había hecho veces la cena, para los dos!. Le hacía la compra cuando Manolo estaba ingresado, y le lavaba las sábanas, y todo lo que hizo falta. Adelaida era lo más cercano a un familiar, porque sus hijos vivían bien lejos, ¡dos en el extranjero!, y los veía de uvas a peras. Aunque a todos les iba muy bien, gracias a Dios.

Le había preocupado especialmente la respuesta de Adelaida cuando le dijo lo de la ceguera. Hasta entonces le había parecido un poco inconsciente con su enfermedad, y también glotona, lo reconocía. Pero quizá había algo más. Recordó lo que había dicho la doctora: "No se convierta usted en su enemigo". Quizá era también eso, a

Adelaida no le importaba demasiado lo que le pasase en el futuro. Ella podía entenderla. En los últimos meses de la enfermedad de Manolo, también quiso abandonarse. Se le hizo insoportable verlo sufrir tanto, y eso que el equipo de cuidados paliativos le ofreció una ayuda que nunca podría pagar. Su médico de cabecera también la ayudó mucho, escuchándola, dándole ánimos para seguir, y facilitándole las cosa con Manolo, las recetas, el ambulancia, las radiografías. Bueno y también con las pastillitas esas que le dio, que no se decidía a dejar de tomar. Temía derrumbarse si las dejaba. Ahora él ya no estaba... y ella tenía que ayudar a su amiga.

Magda

- ¿Cómo te ha ido la visita de esta tarde? —interrogó Fernando a Magda mientras cogía los cubiertos y las servilletas para preparar la mesa.

- Bien —contestó Magda entrando en la cocina, después de acostar a las niñas.

- ¿Y lo del análisis?

- ¡Ah!, nada. Me ha dado hierro, como otras veces —respondió ella sacando la cena del horno y sirviéndola en dos platos, mientras su marido ponía la mesa para la cena.

- ¿Tú vas a cenar? —dijo extrañado Fernando.

- Sí, voy a hacer caso de lo que me han propuesto. Bueno, vamos a hacerle caso los dos —enfatizó Magda con una sonrisa, depositando los platos en la mesa.

- ¿Eso que es? —preguntó Fernando, abriendo mucho los ojos.

Encima de la mesa habían dos platos con pescado, diversas verduras y guisantes. Uno de ellos, el que supuso Fernando que era para él, contenía aproximadamente el doble de comida que el otro.

- Pescado al *papillote*. Con verduras y algo de hidratos de carbono —contestó Magda sentándose a la mesa—, siéntate, que se va a enfriar.

- Pero... ¿y yo por qué tengo que comer esto?

- ¿No te gusta el pescado? —preguntó ella irónicamente.

- ¡Magda! —exclamó Fernando molesto.

- Siéntate y no te enojes —dijo Magda suavemente—. Venga, no te enfades y te lo explico.

- ¡Dime pues!, ya veo que no tengo escapatoria —aceptó él, sentándose.

- Te resumo un poco —comenzó Magda, empezando a comer—. Me ha dicho, y me ha parecido lógico en sus explicaciones, que lo único que ha demostrado éxito en el mantenimiento de la pérdida de peso es cambiar el estilo de vida, es decir, cambiar los hábitos de alimentación de forma permanente, y hacer ejercicio.

- Bueno, tampoco hay que ser una eminencia para llegar a esa conclusión... –dijo Fernando probando la cena con cierta aprensión.

- ¡No te burles! –le interrumpió ella, amenazándolo en broma con el cuchillo–. El problema es que los cambios se mantengan en el tiempo. La verdad es que la mayoría volvemos a caer en nuestras antiguas costumbres y de nuevo recuperamos lo que habíamos perdido.

- Pues no está malo esto... –murmuró él con sorpresa, señalando la comida.

- ¡Pues esa es la cuestión!. Que está bueno, pero parece más fácil acabar escogiendo otra cosa. Y acabo haciendo siempre cosas fritas o rebozadas, porque me parece más rápido, cuando en realidad no lo es. Y patatas fritas de bolsa. Y bocadillos. O pizza precocinada, salchichas o barritas de esas congeladas. Creo que le estoy inculcando malos hábitos a nuestras hijas.

- Pero si las niñas están delgadas.

- Eso es ahora, porque me cuesta Dios y ayuda que coman. Pero ya veremos cuando se hagan mayores, sobre todo Nadia.

- ¿Y en qué va a consisir exactamente "nuestro" cambio de hábitos? –preguntó Fernando con sarcasmo, elevando las cejas al decir "nuestro".

- No te pongas borde –dijo ella, dándole un puñetazo cariñoso en el hombro–. Me ha dado varias hojas con recomendaciones, y la distribución diaria. Si quieres luego te lo miras. En esencia se trata de que cada día combinemos, en la comida y la cena, verdura, libremente, algún alimento proteico y algo de hidratos de carbono. Pero siempre cuidando los métodos de cocción, el aceite para aliñar, y las cantidades. Y al menos dos piezas de fruta, tú puedes comer más. Evitar los refrescos con azúcar, cuidado con el alcohol, etc.

- Pues no parece nada especialmente nuevo –afirmó Fernando.

- Es que no lo es –respondió su mujer dignamente–. La idea es cambiar la mentalidad con respecto a la comida, lo que eliges cotidianamente, y las cantidades. Si esto lo haces habitualmente, en tu vida diaria, entonces puedes permitirte salir un sábado de cena con total libertad.

- Te veo muy convencida –dijo él levantándose a rellenar la jarra de agua.

- Es que pienso que tiene razón –añadió Magda con convencimiento–, a ver, ¿tú has cenado bien?

- Pues sí, está bueno –reconoció, volviéndose a sentar–, ¿pero qué pasa si a mi me apetece comerme un cabrito con patatas?, ¿no puedo nunca más?

- ¡Claro que sí!, ¡es que no me escuchas! –se molestó Magda, exasperada por la actitud de su marido, levantándose a dejar los platos en el fregadero–. Lo que intento decirte es que no debes hacerlo todos los días. Bueno yo no, tú sí, que estás delgado.

- ¿Y acaso estás gorda tú? –interrogó Fernando, mirándola de arriba abajo desde su silla.

- ¡Pues sí! –contestó ella, irritada–. Tengo un índice de masa corporal de 27'4. Eso es sobrepeso.

- Pues a mí me gustas así –sonrió su marido, cogiéndola de las caderas y sentándola en sus rodillas.

- ¡No me tomas en serio! –protestó, soltándose, cada vez más enfadada.

- No es eso –se defendió Fernando molesto también–. Es que llevo años viéndote hacer cosas raras, ahora cenas, ahora no cenas. Ahora te tomas un batido, ahora te tomas una infusión milagrosa. Y luego te comes media tableta de chocolate o te pones hasta arriba de pastelitos. Y ahora toca cambiar de hábitos y todos tenemos que hacerlo a la vez, porque así lo has decidido tú.

- Supongo que tienes razón –admitió Magda compungida, sentándose de nuevo en su silla–. He sido un poco egoísta obligándote a cenar eso.

- ¡Pero si a mí me da igual cenar una cosa que otra! –exclamó el hombre, en tono conciliador–, lo que quiero es que dejes de obsesionarte con este asunto. Todo lo que has dicho sobre cambiar los hábitos me parece bien, ¡pero hazlo!. Seguro que ahora estás siendo sensata con la comida. Hoy es la primera vez que te he visto cenar algo normal en la mesa conmigo, desde hace mucho tiempo. Vamos a intentarlo los dos, ¿de acuerdo?

- De acuerdo. Gracias.

- ¿Y del ejercicio? –preguntó él, mientras pelaba una mandarina–, ¿qué piensas hacer?

- ¿Ejercicio? –inquirió ella a su vez, de forma esquiva, volviendo a ponerse de pie para acabar de recoger la mesa.

- Tú has dicho que el cambio de estilo de vida incluía la alimentación y el ejercicio físico –replicó Fernando cándidamente.

- Ya, pero yo no tengo tiempo –respondió de nuevo irritada–, ya lo sabes.

- No, no lo sé –dijo, volviendo a sentarla sobre sus piernas–, ¿ves lo que te decía antes? te han dado dos recomendaciones, pero tú coges la que ahora te ha convencido.

- Claro, tú aprovechas para nadar los días que llevas a las niñas a la piscina, pero yo no dispongo de ese tiempo –se lamentó ella, a modo de acusación.

- También salgo a correr los fines de semana, mientras tú te quedas en la cama –replicó Fernando en el mismo tono que su mujer.

- Pero es que yo llego muerta al fin de semana –se quejó.

- A ver, ¿qué te ha recomendado? –quiso saber Fernando, sin hacer caso del comentario de Magda–, ¿qué puedes hacer?

- Ya lo hemos hablado en la consulta... –reconoció.

- O sea que pretendías ocultarme esa parte –dijo Fernando haciéndole cosquillas en los costados– ¡Te he pillado!

- ¡Déjame! –gritó, sujetándole los brazos–, vamos a despertar a las niñas, ya verás.

- ¿Me lo vas a contar o no? –interrogó Fernando reteniéndola por la cintura.

- Pues al final concluimos que la mejor opción sería tener una bicicleta estática o una elíptica en casa. Así no dependo de ir a un gimnasio, ni de salir a correr por la calle, ni del clima...

- ¡Una elíptica! —exclamó él entusiasmado, obligando a su mujer a mirarle a los ojos—. Hace tiempo que lo llevo pensando... Con la lluvia de estos días no puedo salir a correr.

- ¿Y cuando hago yo la elíptica? —preguntó Magda, escéptica—, ¿ahora quieres que me ponga?

- Cariño, no me digas que al mediodía no te da tiempo —le susurró al oído—, sobre todo los días que viene Rita a limpiar.

- ¡Ay!, ¡es que es muy aburrido!

- ¡Ah!, ¡ah! —dijo Fernando de nuevo en voz alta, con los brazos abiertos—, ¡ese es el problema!, que no te apetece, no que no tengas tiempo. Me das la charla del cambio de hábitos, pero sólo lo que a ti te da la gana.

- Está bien, tienes razón —reconoció Magda, apoyando la cabeza en el hombro de su marido.

- Tú te quejas de que yo no estoy gordo, pero es que siempre intento hacer todo el ejercicio que puedo. A veces también me quedaría en la cama durmiendo, pero tengo claro el beneficio que eso me ofrece para mi salud. Y el efecto que tiene sobre mi cuerpo. Y tú deberías verlo así también. Si lo que quieres es mantenerte en un peso estable y dejar de hacer tonterías con la comida, pon los medios para que eso sea así. Si tienes tan claro lo que quieres conseguir, sé consecuente con lo que debes hacer. Yo sé que tienes el poder para cambiar.

- Está bien, pero no me riñas más —dijo ella besando a Fernando—, y vámonos a dormir, ya acabaremos de recoger mañana.

Álvaro

- Hola —saludó Inés, acercándose a darle un beso a su tía.

- Hola Inés —respondió su tía, saliendo de detrás del mostrador del ultramarinos, y limpiándose las manos en el delantal–, ¿te pongo algo?

- No tía, no vengo a comprar, vengo a preguntarte por Álvaro —dijo Inés alejándose discretamente de una cliente, conocida del barrio–. ¿Tú le das cosas de comer cuando está por la calle con los amigos?

- ¡Huy! —exclamó su tía jovialmente, sacudiendo los dedos de la mano izquierda–, día sí, día también. Siempre tiene hambre tu hijo.

- Pues eso es lo que venía a decirte, que no le des nada —recalcó con firmeza–, que yo ya le llevo la merienda cuando recojo a los pequeños.

- ¿Y eso por qué? —preguntó la otra intrigada–, ¡pobre chiquillo!

Su tía Inés era la mayor de las hermanas de su madre, de la que ella había heredado el nombre. Y la única que quedaba con vida. El resto de las cuatro hermanas habían muerto todas jóvenes. Por ese motivo hacía un poco de matriarca de la familia. Tenía una tienda de comestibles al lado de su casa y vivía en el edificio de enfrente. En el barrio todos eran parientes o casi. Inés sospechaba que su hijo iba a la tienda de su tía y le pedía comida a escondidas, cuando salían del colegio, que estaba a dos manzanas. O cuando bajaba a jugar al fútbol, el sábado por la mañana.

- ¡Pobre chiquillo!, pero está muy gordo —se lamentó Inés con preocupación–, y no puede seguir así.

- ¡Inés, hija! —volvió a exclamar su tía en el mismo tono–, es que es igual que tu marido. Y que su padre, que yo ya lo conocía cuando llegué de joven aquí. Aunque en aquella época ninguno teníamos para estar gordos, pero la constitución ya la tenía, ya.

- Sí tía —admitió Inés con paciencia–, el problema es que mi hijo, con diez años, es como su padre a los treinta y cinco. Imagínatelo dentro de unos años.

- Sí que le sobran unos quilos, sí –dijo pensativa–. Si lo viera tu madre, que era más delgada que una pescadilla. ¿Por qué no lo llevas al médico?

- Pues eso he hecho –respondió con énfasis–. Ayer lo llevé a la médica esa de adelgazar, en el ambulatorio de los patos.

- ¡Ah!, sí. Allí voy yo al oculista. ¿Y te ha dado una dieta o algo?

- ¡Que va! –exclamó Inés con fastidio–, todo medidas generales.

- Tendrás que llevarlo pagando –sentenció su tía.

- ¡Qué voy a llevarlo pagando! –dijo Inés levantando las manos–. ¿De dónde? Si la médica me ha gustado mucho, y ha tenido mucha paciencia con él. El problema es que lo que me dice es muy difícil de hacer.

- No te entiendo hija –negó su tía, sentándose en una silla que tenían cerca, dispuesta a escuchar.

- Lo primero que me ha dicho es que el niño está en crecimiento, y que no le puede poner una dieta muy severa –empezó a explicar, aliviada de poder hablar del asunto con alguien–. Que la idea es que el niño no engorde más, y a medida que vaya creciendo, pues irá perdiendo.

- ¿Y qué, lo vas a tener años a régimen? –preguntó su tía, escéptica.

- Es que dice que no tiene que estar a régimen –continuó Inés–, lo que tenemos que hacer es cambiar las costumbres en casa y llevar unos horarios concretos de comidas, no que coma cuando le apetece y lo que le apetece. Y ponerle menos cantidad, claro. Y los zumos, y los refrescos, que toman los tres como desesperados. En casa tengo los papeles que me dio, con todos los consejos por escrito.

- Pues con tu marido lo vas a tener complicado... –pronosticó la otra.

- Ya lo sé, ya –admitió apesadumbrada–, pero es que el niño está en la parte de arriba de la gráfica esa que hacen con el peso y la altura, y tendría que estar en el medio.

- Yo no entiendo mucho de eso, pero me hago cargo –asintió comprensiva.

- El problema es que ya conoces a mi hijo –continuó Inés–, te dice a todo que sí, pero luego hace lo que le viene en gana. Y la médica me ha dicho que, si él no quiere, pues tururú. Además dice que haga más deporte. Con la de horas que se pasan viendo la tele…

- Pues que baje más rato aquí a jugar. Como ahora esta calle es peatonal…

- Pero no puede estar a los diez años todo el día en la calle, tía. Tiene que hacer deberes y es pequeño para andar por ahí. Una cosa es un rato cuando sale del colegio, que yo sé que estás tú aquí.

- ¿Y qué vas a hacer? –preguntó su tía con expresión sombría.

- He ido al polideportivo municipal, a preguntar. Me han aconsejado la natación y está muy bien de precio. El problema es que él ha dicho que por ahí –dijo Inés levantando un puño cerrado con un dedo extendido.

- Tendrás que meterlo en cintura –le aconsejó su tía–, que todavía es pequeño para hacer lo que él quiera.

- ¡Ah, claro!, ¡qué fácil es decirlo!, pero luego yo sola en casa con los tres, no paro de pelearme.

- ¿Pero tú has hablado seriamente con él?. Tu hijo no es tonto y se da cuenta de las cosas. Que yo los veo jugando en la calle, y todos le llaman "el gordo", nunca por su nombre. Pregúntale si eso le agrada, y si le gustaría cambiarlo. Y háblale de su abuelo paterno, que con poco más de cincuenta cayó fulminado en la boda de tu cuñada la pequeña. Que debía pesar, por aquel entonces, más de ciento cuarenta.

- ¿Cómo le voy a decir eso al niño? –preguntó Inés horrorizada.

- ¡Tú verás! –dijo su tía, con la sabiduría del anciano–, pero si la solución está en que él colabore, no te queda más remedio que saber convencerlo.

3 | Empezando a ver la luz

Juan

- Enhorabuena Juan —Adela aprovechó que estaban solos en el ascensor para darle un fugaz beso en los labios.

- Bueno, esto no ha hecho más que empezar —respondió él, sin poder ocultar su satisfacción.

- Lo sé, pero piensa que lo que ha empezado es el resto de tu vida.

- Qué transcendente te pones —dijo Juan moviendo lentamente la cabeza—, parece que te haga más ilusión a ti que a mí el que haya perdido cinco quilos. Me parece poco, además.

- ¿Tienes prisa? —preguntó ella saliendo del ascensor.

- No, bueno sí, no sé... Llevo un mes subido a ese aparato infernal que compraste y comiendo alfalfa, para perder sólo 5 quilos.

- ¡A ver! —suspiró Adela mientras sacaba del bolso las llaves del coche—. En primer lugar sólo haces 15 minutos de bici al día, que ya sabes que es insuficiente, pero me parece ya todo un éxito. En segundo lugar, lo de comer alfalfa es falso... ¡si comes más del doble que yo!. Sabes perfectamente que te dio unas "recomendaciones" para la dieta, que no siempre haces bien...

- ¡Cómo que no! y me tomo religiosamente las pastillas —le interrumpió Juan.

- Te ha repetido hasta la saciedad que lo importante es cambiar de hábitos, y de forma permanente —continuó diciendo Adela mirando alternativamente a ambos lados de la calle, intentando recordar dónde había aparcado el coche—. De momento lo que has hecho es dejar las bebidas con alcohol, y cambiar los métodos de cocción, reducir el aceite...

- Es decir, que tú no lo ves suficiente, ¿es eso?

- Y tú, ¿lo ves suficiente? —preguntó Adela, decidiéndose a caminar hacia la derecha, esperando no equivocarse.

- Vale —dijo Juan siguiendo instintivamente a su mujer. De nuevo su mujer golpeaba en el punto adecuado. Sabía que no estaba haciendo todo lo que podría, pero aún así había perdido peso, se le habían deshinchado las piernas, se había adaptado estupendamente a la mascarilla nocturna, ya no tenía somnolencia y el dolor de cabeza era algo ocasional–. Sé que puedo hacerlo mejor, pero él también dijo que introduzca los cambios que sea capaz de mantener en el tiempo.

- Sí, pero sabes que con eso, no llegarás a los "objetivos razonables" que te propuse en la visita anterior –dijo ella, sonriendo por haber encontrado el coche a la primera–, y esos objetivos significan seguir estando obeso.

- Sí, pero no mórbido. ¿Me dejas las llaves? –tendió la mano, en espera de que Adela le entregase las llaves el coche.

- No sé... -el rostro de la mujer mostró su indecisión. De forma fugaz recordó el día del accidente, la opresión en el pecho, el ojo morado de su marido...

- Vale, como dice tu apreciado médico, vamos a pactar –añadió Juan, aprovechando la vacilación de su mujer–. Tú me dejas reincorporarme a mi vida de adulto y yo me comprometo a mejorar en mis propósitos.

- De acuerdo –Adela le entregó las llaves con cierta aprensión–, pero lo que también dice "mi apreciado médico" es que el cambio ha de ser porque tú así lo quieres, porque estás convencido, porque lo deseas. No deberías pactar eso conmigo.

Durante el trayecto de vuelta a casa permanecieron en silencio. Juan se había salido con la suya y condujo de forma ejemplar. No obstante, una vez más, sabía que su mujer tenía razón, se sentía físicamente mucho mejor, pero era consciente de que no ponía toda la carne en el asador. Justo antes de entrar en la bocacalle del garaje de casa, un motorista salió en dirección contraria, Juan lo esquivó por escasos centímetros. Al girar la cabeza vio a Adela con las manos en la cara, temblando. Había recuperado la rapidez de sus reflejos, gracias a una máquina que dormía con él, la maldita mascarilla. Se imaginó a sí mismo en una situación semejante un mes antes, ¿lo hubiese podido esquivar?. El motorista habría impactado directamente contra la puerta de Adela. Se propuso firmemente tomarse las cosas en serio. En aquel momento el pacto fue consigo mismo, con nadie más.

Laura

Me he dicho infinidad de veces a mí misma que estoy loca. En realidad nunca quise creérmelo del todo. Ahora lo pienso seriamente. En poco más de un mes he visitado a cuatro especialistas. El endocrino, la psiquiatra, el psicólogo y la ginecóloga. Ha sido como destapar la caja de Pandora. Tengo un trastorno de la conducta alimentaria. Supongo que siempre lo he sabido. ¿No quise darme cuenta?. ¿No quería aceptarlo?. Ya da igual. La medicación me da sueño. No quiero dejar el turno de noche. Al final se lo dije a Merche. ¿Por qué es tan buena persona?. No se rió de mí, ni me llamó foca-loca despreciable. Fue tan fácil... Sólo me abrazó y dejó que llorase desconsoladamente. Hace parte de mi trabajo. Me deja dormir un par de horas al final del turno. No sé cómo se lo voy a devolver. Si ella no estuviese, me echarían del hospital. Los anticonceptivos me han devuelto la regla. Una regla un poco descafeinada, pero mejor que nada. Qué contradicción, tomar anticonceptivos sin tener vida sexual.

Por lo menos he empezado a controlar mis atracones. El endocrino no quiso darme una dieta, dijo que lo importante era evitar esas ingestas excesivas y reorganizar mis hábitos de alimentación. Dijo que las dietas restrictivas favorecen el mantenimiento de los atracones. Ahora intento comer cinco veces al día. He perdido dos quilos. No es mucho, pero tengo que aprender a contentarme con pequeñas metas. No quiere que me pese en casa. He tirado la báscula a la basura. Por una vez voy a hacer lo que me aconsejan. Lo primero que tengo que trabajar es la compra en el supermercado. Ya no tengo en casa nada de lo que solía comer compulsivamente. Pero tengo miedo. ¿Y si un día no puedo controlarme? ¿acabaré una noche comprando comida en una gasolinera?.

Tengo varios conflictos que resolver, así que visitaré al psicólogo con frecuencia. Mi relación con mi cuerpo, con mis hermanas, con mi madre. Y resulta que la más importante es con mi padre. Al que más he querido. ¿Lo culpo de mi desgracia? ¿de dejarme sola?. Quizá tema descubrir que era un cobarde. Tendré que ir trabajándolo poco a poco. Me da miedo. Y pereza. Dormiría indefinidamente. Pero voy a seguir. Tengo esperanza y no quiero volver a atrás. Estoy cansada.

Ayer volví a las andadas. Discutí con mamá. Era natural que me notase algo. Coincidimos en el ascensor y me persiguió hasta casa. Quería llevarme al médico. Piensa que me drogo. La verdad es que sí, pero la droga la compro en la farmacia, con receta médica. Al final estallé. Se lo conté todo. Y la culpé de todo. Sabía que no estaba siendo justa, pero lo hice. La culpé de mi vida, de la de papá, de la de todos. Ella era la causa de nuestra desgracia. De mi desgracia. De mi locura. No paré hasta verla llorar. Se fue muy digna a su casa. Todo lo encaja con clase. Esto también. Me comí unos botes de macedonia de verduras, con atún. No tenía pan, así que lo mezclé con galletas integrales. No tuve fuerzas para conseguir vomitar. Me quedé dormida en el suelo del cuarto de baño. Tengo una contractura en el cuello. Me avisaron de que esto volvería a pasar. Que lo importante era reducir la frecuencia de los episodios y sus consecuencias. Esto es muy duro.

Berta

Cuando salieron de la consulta, Julián decidió dar un paseo. Hacía una tarde verdaderamente agradable. Berta caminaba a su lado, cogida de su brazo, como de costumbre. Él no lo dijo, pero observó que su mujer caminaba mejor. Miró disimuladamente sus pies. Se había calzado los zapatos nuevos que habían comprado tres semanas antes. Eran planos, y de una piel más blanda que los modelos que solían gustarle. Estos no le dejaban marcas en los pies al quitárselos. Ciertamente la hacían parecer más mayor, pero conservaban cierto estilo. Julián tuvo que revolver tres zapaterías para encontrarlos. Ella aseguraba que se los ponía por no hacerle un desprecio, aunque afirmaba que eran zapatos de anciana. Sin embargo, él sabía que estaba cómoda con ellos. Se propuso comprarle un segundo par.

- ¿Piensas volver andando? –le preguntó Berta malhumorada.

- ¿Por qué no? Hace un tiempo estupendo –contestó Julián de buen humor.

- Yo no puedo llegar hasta casa andando, ya lo sabes.

- Pues cuando no puedas más, cogemos un taxi –continuó él, sin querer perder el buen humor–. Ya has visto que te sienta bien salir a caminar diariamente. Cada día recorremos más distancia.

- Sí, y porque me tomo los analgésicos, si no, no me podría mover – el tono de voz de Berta empezó a suavizarse–, pero tú te empeñas en salir cada día, mañana y tarde. Cualquier día me obligas a hacerlo aunque esté diluviando.

A veces, Julián no se explicaba por qué la quería tanto. Su mujer podía llegar a ser exasperante. Debía ser su forma de expresar el temor, o la inseguridad. O quizá simplemente era así. Él ya la había aceptado hacía mucho tiempo. También era cierto que en ocasiones le hacía feliz. Siempre se había sentido bien cuidado por ella. Y él también tenía sus cositas, que ella le aguantaba. Caminaron en silencio durante unos minutos.

- ¿No ha ido mal la consulta?, ¿verdad? – preguntó Julián.

- Tú es que eres muy optimista, todo te parece bien. Sólo he perdido tres quilos en un mes. Con todo lo que me esfuerzo.

- Pues te ha dicho que eso estaba muy bien –dijo él, con el firme propósito de seguir siendo positivo–, que para la dieta que te propuso, eso era lo esperado.

- No sé, ¡si como más que antes! –exclamó Berta.

- Lo que pasa es que ahora comes cuando debes –continuó Julián, notando que empezaba a vencer la resistencia de su mujer–. Las cantidades que te recomendó y de la forma que te dijo. Pero además desayunas, tomas algo a media mañana y meriendas. Poco, ya lo sé. ¡Y te mueves!

- No, si no paso hambre –reconoció Berta en un tono bajo de voz.

- ¡Claro que no! Lo que pasa es que has dejado de picar entre comidas, que es lo que a ti te gusta.

- ¿Qué voy a picar?, ¡si no tengo nada en casa! –protestó ella, volviendo a su tono desagradable.

- Pues eso es lo que tenías que haber hecho desde hace años –dijo Julián con suficiencia.

- ¿Y si tenemos visita?, no tengo nada que ofrecer –se quejó Berta, intentando agarrarse a cualquier excusa.

- ¡Pues que no venga nadie! –exclamó Julián empezando a perder la paciencia–. O nos bajamos a la cafetería de la esquina. Y la siguiente comida con los chicos en el restaurante. O que cocinen tus nueras.

- Tú siempre tan práctico –respondió Berta mirando al frente.

- Pues sí, ya lo sabes.

- Si te crees que alguna va a cocinar para dieciocho personas en Navidad, o en vuestro Santo, vas apañado –le advirtió ella.

- Pues todos al restaurante –dijo Julián con despreocupación.

- ¡Eso!... y a pagar, tú.

- ¿Y qué?. Para eso está el dinero. Vamos a ver, ¿no te encuentras mejor?

- Será el clima –dijo Berta, saliéndose por la tangente–. Ya sabes que me prueba esta estación del año.

Julián decidió no seguir discutiendo y disfrutar de la caminata. Sabía que en el fondo su mujer estaba contenta. Se estaba comportando de forma muy civilizada con su cambio de hábitos. Refunfuñaba, como siempre, pero lo iba aceptando. Sería que se encontraba mejor.

Por un momento le asaltó la duda de si estaría enferma. En las últimas semanas se le estaba suavizando el carácter. La veía más vulnerable. Pero el análisis inicial había salido bien, bueno un poco alto el ácido úrico, y levemente la glucosa. Y aquello de las transaminasas, pero la ecografía sólo mostró grasa en el hígado. Lo esperable dijo el médico. No le dio más transcendencia. Le iba a repetir el control en unos meses. Decidió desechar esa idea, Berta estaba bien. De hecho, estaba mejor que antes.

Leo

Este tipo me ralla mucho. Me altera, pero... al mismo tiempo me estimula. Si no fuera por mamá, habría enviado todo esto a freír espárragos hace tiempo. ¿Qué le pasa a este ascensor?, ¡ah! ya está aquí. Qué calor hace en esta clínica. Ya son las 8 y todavía tengo que acabar el informe para mañana, si no lo entrego a tiempo Gonzalo me mata. ¡Me estoy empezando a agobiar! Cambiar el estilo de vida, ¡menudo coñazo!, con lo que a mí me gusta cómo vivo.

La verdad es que no he perdido nada de peso, ¡qué corte me ha dado! Aunque a él no ha parecido impresionarle. Este semáforo me tiene frita, tarda una eternidad en ponerse en verde. Seguro que tiene pacientes peores. Debe de estar acostumbrado. ¡Que me digan a mí los marrones que me como en el curro! Supongo que cada trabajo debe tener sus cosas. Esta hora es fatal para conducir por aquí, tendría que haber ido por la ronda... Ya ha pasado un mes y no he perdido nada, aunque no sé cómo quiero perder algo si no le he hecho mucho caso. Supongo que tiene buena intención, ganas le pone. ¡Pero paso! no tengo ningunas ganas de ponerme, qué pereza. A ver qué le digo a mamá.

¡Adelanta subnormal!, yo no tengo tanta prisa. Otro chulo al volante. Pues le diré la verdad y que me deje en paz. Aún no le he hecho la fotocopia de la dieta, no sé si debo dársela, entonces ya no tendré escapatoria cuando vaya a su casa. ¡Joder!, ¿otra vez en obras aquí? A este paso hoy me acuesto a las 2 de la madrugada y mañana estaré hecha polvo. Si algo de razón tiene, podría empezar por cosas pequeñas, como me ha dicho. Puedo prescindir del dulce después de comer y de las pipas. Y de los palitos, que todavía tengo un cargamento en el cajón de la oficina. Puedo probar a tomar los refrescos sin azúcar. Es que es un litro cada día y, si salgo, con los cubatas... Dice que son un montón de calorías. Pero no sé yo si eso será suficiente. ¡Mamá cocina tan bien! Igual no debería ir tantas veces a comer a su casa. No, la culpa no es de mamá, ella está dispuesta a cocinar lo que yo le pida, el problema soy yo.

¡Por fin en casa! Estoy molida, paso del informe. Paso, paso. Si llego un poco más pronto a la oficina, puedo acabarlo durante la mañana. ¡Y a Gonzalo que le den! A mediodía lo tengo acabado, como siempre. ¿Y ahora qué ceno? Me comería un bocata de sobrasada con queso… ¡Vaya!, no queda queso. ¡Ostras! ¡el pescado que compré el sábado!. ¿Esto estará bueno?. No tiene mal aspecto. Huele bien, bueno, a pescado. Voy a probar eso que dice de hacerlo al vapor, con las verduras. ¡Uf!, estas verduras están para dárselas a los cerdos. Es igual, seguro que cocidas no se nota tanto.

No tengo mensajes, qué raro. No sé nada de Pilar desde el sábado. Estaba preocupada con lo de la beca. Que me cuente mañana. Se está enterrando en vida en ese laboratorio. El edulcorante de este refresco no me acaba de gustar. Mañana compraré de los otros. No le darán la plaza nunca. ¡Cuando se entere de que he cenado pescado con verduras y una patatita!. Se va a descojonar. Pues está bueno. Con las especias. Me ha gustado. Y me ha salido un buen plato. Un poquito más de aceite le hubiese puesto, ¡qué le vamos a hacer!. La verdad es que me siento bien, y es bastante limpio cocinar así. ¡Hasta la fruta me voy a tomar hoy! Estas ciruelas sí que se van a la basura, pero el melocotón tiene buen aspecto. ¡Cuánto tiempo llevaba sin comerme un melocotón!

Mañana me voy al súper y lleno la nevera de estas cosas. ¿No dice que el cambio de hábitos empieza con la lista de la compra? Pues voy a probar unos días. ¡Me estoy animando! No ha sido tan traumático, he cenado bien, más cantidad incluso que muchas otras veces. Claro que supongo que muchas menos calorías.

La programación de la tele es terrible. No hacen nada mínimamente interesante. Me tendría que deshacer de algunas de las cosas que tengo en el armario de la cocina. Se las puedo llevar a mi hermana, que está amamantando. Que se alimente. No, paso. Entonces parecerá que oficialmente me he puesto a dieta. Y luego no pararán de darme el peñazo si como algo que no les parece bien. Me voy a acostar, estoy muerta… No, se va a quedar todo donde está. Esto es un compromiso conmigo misma, con nadie más. Y no pienso dejar que nadie opine de lo que como o dejo de comer. Y a mamá no le pienso hacer la fotocopia. Él dijo que todo esto debe ser compatible con el menú familiar, pues eso es lo que haré. Que me haga una ensaladita o verdura y después un plato de lo que haya cocinado, que siempre está muy bueno. Y que compre los refrescos sin azúcar. Puedo volver a tomar fruta en vez de picar algo dulce, mamá siempre tiene fruta buenísima, ¡me lo dice cada día!. Si en realidad me gusta, ¡es la pereza de pelarla!

Germán

- ¿Papá ya no estás de mal humor? –preguntó Evita a Germán, mientras caminaban hacia el colegio.

- No cariño –respondió él algo perplejo-, ¿por qué me preguntas eso hija?

- Has estado muchos días enfadado, pero ahora ya hace tiempo que vuelves a estar contento –opinó Lucía, gemela de Eva.

- Es verdad papá –apuntó Evita-. No estabas enfadado con nosotras, ¿verdad?

Germán no sabía que pensar, estaba un poco descolocado con las preguntas de sus hijas. Repasó mentalmente los días anteriores, sin identificar claramente algún problema importante que hubiese trascendido a sus hijos.

- No sé hijas... no sé bien a qué os referís –añadió con prudencia.

- Papá, has estado varios días discutiendo con mamá por las mañanas – precisó Evita.

- Sí papá, y algunas noches también –añadió su hermana– después de acostarnos.

Germán lo entendió todo instantáneamente. Cuando empezó a cambiar sus comidas surgieron diferentes puntos de desacuerdo entre él y su mujer. El azúcar en la leche, la mantequilla en las tostadas, el bocadillo para el almuerzo. Y claro, también con las cenas, Eva le insistía en que comiese menos pan por la noche, ¡ah!, y el queso... su punto final del día. Bueno y la forma de cocinar, las patatas cocidas en vez de fritas, fuera rebozados, etc. No habían sido verdaderas discusiones, al menos él no las había vivido así, pero... quizá para sus hijos sí.

- ¡Pues claro que no estaba enfadado con vosotras!, ¿cómo habéis pensado eso? –aseguró Germán, intentando parecer jovial.

- Porque por las mañanas estabas muy serio cuando caminábamos hacia el colegio –contestó Evita.

- ¿Entonces sólo estabas disgustado con mamá? –añadió Lucía.

- ¡Tampoco! –exclamó Germán, que pensaba que la conversación con sus hijas se le estaba complicando–. No estaba enojado con nadie, ¡de verdad!

- Si no estabas enfadado, ¿qué te pasaba papá? –insistió Evita.

Germán sabía que debía dar una explicación razonable a sus hijas, pero que pudiesen entender. Hacía ya tres semanas que había empezado a cambiar sus hábitos de comidas y al principio lo llevaba mal. Su mujer intentaba por todos los medios que aceptara cambiar, pero él se resistía y se enfurruñaba como un niño.

Al mediodía no había problema, pero los desayunos y las cenas se habían convertido en una batalla dialéctica sobre lo que era "más conveniente" con algunas palabras más altas de tono de lo que hubiese sido necesario, hasta que Eva se plantó y le dijo literalmente "haz lo que te de la gana". Entonces supo que había perdido la guerra. Él sabía que lo que su mujer le proponía era lo correcto, pero había algo que le llevaba a contradecirla. Quizá pretendía hacerse la víctima... Germán tenía mal la espalda, Germán tenía que perder peso, Germán tenía que hacer ejercicio, ¡pobre Germán!.

- Pues... es que últimamente he tenido mucho trabajo –comenzó a explicarles-, ya sabéis que ahora soy el jefe de estudios...

- ¿Y por eso discutías con mamá? –preguntó Lucía incrédula.

Cuando Eva lo dejó por imposible y dejó de contradecirle, él cambió voluntariamente, aunque todavía estuvieron unos días dirigiéndose poco la palabra. Comprendió que sus hijos habían sido espectadores inocentes de la tragicomedia que representaban sus padres. Lo único bueno de todo es que había perdido tres quilos, y esto le había animado para seguir. De hecho, no sólo se sentía animado, sino de buen humor. Había ido a la piscina con escepticismo, pero poco a poco le estaba empezando a gustar y se sentía realmente mejor.

- No exactamente –dijo Germán, decidido a hablar con cierta franqueza a sus hijas, aunque fuesen pequeñas–, sabéis que hace poco me operaron de la espalda, ¿verdad?

- Sí –dijo Evita con cara de pena–, me acuerdo que mamá nos llevó a verte al hospital y tú estabas medio dormido.

- Sí papá, parecía que estabas muy malito –añadió su hermana–, me dio mucha pena.

- Ya –continuó él conmovido–. Pues, después de la operación, el médico me dijo que debía perder peso, que la barriga –dijo dándose unas palmaditas en el abdomen– no era buena para la espalda.

- No te entiendo papá –dijo Lucía pensativa.

- Es que para perder peso, pues... –continuó indeciso– hay que comer un poco menos y hacer ejercicio.

- ¿Y por eso estabas enfadado? –preguntó Evita con gesto alegre.

- Pues... sí –respondió Germán un poco avergonzado.

- ¡Claro! –continuó Evita entusiasmada–, eso es como cuando mamá no nos deja repetir tarta.

- ¡Ni comer más chocolate! –añadió Lucía–. Dice que es malo para los dientes.

- Sí, algo parecido... –dijo Germán sin saber muy bien qué contestar.

- No te preocupes papá –Evita seguía muy contenta, por haber entendido lo que le pasaba a su padre–, mamá lo hace por nuestro bien. A veces se enfada un poco, pero sabemos que tiene razón.

- Ya verás, nosotras te ayudaremos –continuó Lucía–, comeremos menos tarta y chocolate, así tú tampoco lo harás, ¿vale?

- Vale hijas, gracias –Germán seguía conmovido, pero también aliviado, era impresionante sentir cómo le habían entendido sus hijas–, ¡que tengáis un buen día! – añadió dándoles un beso y despidiéndolas en el pasillo de su clase.

Lorena

- El análisis está bien, Lorena. El colesterol y los triglicéridos están un poco por encima de lo ideal, pero no es muy importante –dijo el médico, devolviéndole los papeles–. Bueno, como ya te dije en la primera visita, tienes un índice de masa corporal de 28'3, eso significa que tienes un sobrepeso grado 2.

- Sí, me acuerdo –contestó Lorena, un poco avergonzada.

Verónica estaba atenta a las explicaciones del doctor. De vez en cuando miraba a su hermana, que se ruborizó un poco cuando le dijo lo del sobrepeso. Para ser la hermana mayor, a veces le resultaba un poco apocada. El médico era un hombre de edad media, que parecía amable. Estaba segura de que lo había dicho con todo el rigor, no para molestar.

- Y como ya comentamos la otra vez, el objetivo es cambiar tu estilo de vida y que el cambio sea a largo plazo. Con respecto a lo que habíamos hablado, ¿qué ejercicio físico has pensado que puedes hacer?

- Pues… –dijo Lorena mirando a su hermana– ir a correr por las mañanas, ya he salido unas cuantas veces.

- Me parece estupendo. Pero recuerda que, si hace tiempo que no haces deporte, debes empezar poco a poco e ir aumentando el tiempo y la intensidad de forma progresiva. El objetivo es que esta actividad la puedas hacer de forma habitual, no que te lesiones un tobillo o te agotes demasiado al principio y lo abandones.

- De acuerdo –asintió.

- Con respecto al cambio de hábitos de alimentación –continuó diciendo el médico–, probablemente ya sólo dejando de comer como lo hacías hasta ahora, y corriendo, empezarías a perder peso. No obstante, creo que en tu caso sería importante establecer unas pautas para cada comida. Es fundamental reorganizar los hábitos. Aunque no es obligatorio, yo te recomendaría fraccionar la dieta en varias tomas, para no llegar con tanto apetito a la comida o la cena.

- Vale –respondió Lorena, con expresión de interés–. Pero a veces tengo clases, o prácticas, y no siempre lo podré hacer.

- Piensa que la distribución diaria la has de escoger tú, dentro de tus posibilidades de horarios, obligaciones… y de tus preferencias.

- De acuerdo –aceptó.

- Te voy a explicar mi propuesta –continuó, sacando dos folios–. Se trata de restringir las calorías diarias, de forma moderada, algo con lo que te sientas cómoda y puedas mantener de forma permanente. Pero piensa que esto debe ser flexible, pactado, que es lo que haremos en próximas visitas, y suficiente, porque si no, dejarás de hacerlo.

- Vale –respondió de nuevo.

- No obstante, tenemos que conseguir un mínimo de déficit calórico, con respecto a tus necesidades actuales, para que todo esto sea eficaz.

- Y eso, ¿cuánto es? –preguntó ella intrigada.

- Pues… –dijo titubeando, resistiéndose a dar una información demasiado precisa– unas…, más o menos 2.150 calorías. Pero eso es algo aproximado, lo calculamos con la edad, el peso y la talla. Debe tener básicamente un carácter orientativo. Además, piensa que eso es útil considerando que ahora llevas una vida sedentaria, pero eso lo vas a cambiar, ¿verdad?…

- Sí –asintió Lorena, sintiéndose acorralada–, supongo que lo haré.

El médico le dedicó varios minutos a explicarle detalladamente el plan de comidas, las cantidades, ejemplos de cocción, qué alimentos no debían faltar, y qué otros debía tomar de forma esporádica.

- Pero, ¡si eso es más de lo que yo como! – exclamó Lorena.

- Podría ser –respondió él, comprensivo–. El problema es que ahora sueles comer alimentos de elevada densidad energética, que es precisamente lo que debes evitar. Tú y todos nosotros, no te creas que eres la única que no debe comerlos de forma habitual.

- ¿Y yo puedo hacer la misma dieta? –se atrevió a preguntar Vero.

- Bueno –contestó el médico prudentemente–, puedes comer el mismo tipo de comida, quiero decir, que si vivís juntas, la idea es que os preparéis lo mismo para las dos, pero tú no creo que necesites restringir las calorías. Estás en un peso normal, y si vas a correr habitualmente, puedes comer la cantidad que acostumbres a servirte.

- Y de hamburguesas completas y pizzas, nada, ¿no? –preguntó irónicamente, mirando a su hermana.

- A ver –respondió el hombre con paciencia, dirigiéndose a las dos– durante el tiempo que tengas intención de perder peso, sería mejor evitar comidas de alta densidad energética, pero tened en cuenta que el problema no es la pizza en sí mismo, sino la cantidad de pizza, y lo que suele acompañarle. Si te comes una ensalada, un trozo pequeño de pizza y una pieza de fruta, no es tan grave. Si te comes una pizza familiar con un refresco gigante y un helado, vamos mal.

- Ya –dijo Lorena con expresión de entenderlo bien– y, ¿qué hacemos con la comida de nuestra madre?, ya le dije que nos suele cocinar cosas que nos traemos el domingo.

- ¿Qué tipo de comidas os prepara normalmente?.

- Pues... –contestó Lorena vacilante– de todo. Bueno, lo que puede durar uno o dos días en la nevera, algo de arroz, pero pocas veces, se pasa un poco. O pasta, garbanzos. Y cosas que podamos congelar, no sé, unas lentejas... Y lo que se le ocurre.

- Ya –asintió el médico–. Pero en general, eso es perfectamente compatible con lo que te he recomendado, es decir, suele ser algo de hidrato de carbono, me imagino que cocinado con un poco de proteína...

- Sí –afirmó Vero, que lo había captado a la primera.

- Pues perfecto. Puedes aprovechar sin problemas lo que os cocina vuestra madre, pero teniendo cuidado con las cantidades, y tendrás que acompañarlo con algo de verdura.

- Pero... –objetó Vero, que cada vez lo veía más claro–, entonces, se pasará con las grasas, ¿no?.

- Posiblemente –reconoció él– pero ese ritmo de comidas os será fácil mantenerlo en el tiempo, así que, a largo plazo, seguro que será mejor. Puedes hablar con tu madre, y que cocine los platos algo ligeros. Quiero decir, que haga las legumbres con un poco de carne magra, en vez de añadirle mucha grasa.

- No, si eso no es problema —contestó Lorena—, mi madre cocina ligero, porque mi padre tiene el colesterol alto.

- Mejor me lo pones. Ten en cuenta que a medio y a largo plazo, lo importante no va a ser si el pollo pesa tanto o cuanto, sino que has cambiado tu actitud hacia la comida, es decir, cuando eliges qué comer, cuánto comer, y cómo cocinarlo y combinarlo. Al fin y al cabo, es una actividad que tendrás que seguir haciendo varias veces al día, el resto de tu vida. Al igual que los métodos de cocción, el aceite, los refrescos, etc. Pero recuerda siempre que mantener una actividad física regular será de las cosas que más te ayuden a mantenerte en un peso estable.

- Muy bien —concluyó Lorena, un poco saturada ya.

- Piensa que mi labor consiste fundamentalmente en que todo esto te lo creas —dijo el médico poniéndose de pie— porque si te lo crees, lo conseguirás. Lo que ocurre es que lo verás a medio plazo, no en dos días.

- Pues voy a intentarlo —dijo Lorena poniéndose también de pie—. Muchas gracias.

- Adiós —se despidió Vero.

Adelaida

Reme miraba alternativamente a Adelaida y a la educadora en diabetes. Se llamaba María, pero tenía una paciencia de santo, y eso que no parecía estar de muy buen humor. A saber con lo que tenía que haber lidiado en estos años, pensó. Finalmente había sido Reme la que había decidido concertar aquella cita, prescrita por la endocrino. No tenía muy claro que fuese a servir para mucho, pero había que probar...

María llevaba ya un buen rato intentando hacer una encuesta sobre los alimentos que consumía diariamente Adelaida, después de tratar de ajustarle la dosis de insulina, aunque de nuevo dijo que se había olvidado los controles de glucosa que se hacía diariamente en casa. Escuchándola, parecía que sólo comiese verdura y carne a la plancha, y en una cantidad que cabía en la palma de la mano. Se preguntó si realmente Adelaida era consciente de lo que picaba al día. Era cierto que en las comidas no se excedía demasiado, pero el resto del tiempo... Siempre que bajaba al estanco encontraba envoltorios de diversos productos por la trastienda. A sabiendas de enfadar a Adelaida, decidió intervenir:

- Adelaida, a veces sí que picas alguna cosa entre horas... –dijo tímidamente Reme.

- ¡Claro!, cuando me baja el azúcar –se justificó ella, muy seria.

- ¿Y con qué frecuencia le ocurre eso? –preguntó la educadora.

- De vez en cuando –contestó evasiva.

- ¿Una vez al mes, a la semana, todos los días? –insistió la otra, intentando en vano concretar.

Reme decidió que era mejor callar. Seguro que María ya sabía a ciencia cierta lo que ocurría en realidad en la vida cotidiana de su paciente, el problema era que la propia Adelaida no parecía saberlo. Y supuso que hasta que no fuese consciente de ello, no podría hacer nada por cambiarlo. De repente tuvo una sensación extraña, se imaginó a ellas tres desde fuera, como si lo estuviese viendo por televisión, y pensó que era una escena digna de una teleserie. Volvió mentalmente a su cuerpo, se estaba perdiendo la mayor parte de la conversación.

- ... repasando su historial, ya ha venido usted muchas veces a la consulta, y se le han dado indicaciones concretas sobre la alimentación que debe llevar en casa –decía María.

- Pues eso es lo que hago más o menos. A veces me paso un poco, ya lo sé. Pero poco, pocas veces.

- Adelaida, tiene usted una obesidad mórbida, el índice de masa corporal es de 45'9, ¿cómo cree que ha llegado hasta aquí? –continuó la educadora, en un tono que traslucía la cantidad de veces que había repetido aquellas frases.

- Pues no lo sé hija, la diabetes, o la herencia. Mi abuela y mi tía eran casi como yo...

Involuntariamente la mente de Reme volvió a esparcirse por la consulta. Las palabras de su amiga resonaban en las paredes. ¿Pensaba que la diabetes le provocaba la obesidad?, ¡si en todo caso era al revés!. María y Adelaida seguían conversando, ella las veía articulando la boca, pero no oía sus palabras.

Se preguntó si no sería mejor desistir. Adelaida era como era, y quizá deberían dejarla así. ¿Qué derecho tenían a quitarle sus pequeños placeres?. No hacía daño a nadie. Aunque se lo hacía a sí misma. ¿Qué había hecho Manolo para tener un cáncer en el páncreas?. Nada. Absolutamente nada. ¡Pobrecito!. Qué mal lo pasó. Si él hubiese hecho algo para que le saliese el cáncer, ella le podría haber ayudado a dejar de hacerlo, lo hubiesen podido evitar. Pero, ¿y si Adelaida se quedaba ciega?, ¿o le daba un infarto como le decía la doctora?. ¿Se hubiese podido evitar?, ¿o al menos retrasar?. Esa duda le hizo recapacitar. Tenía que ayudarla a a cambiar, si le ocurriese algo grave, no podría perdonarse no haber intentado evitarlo.

- ... por ese motivo la doctora le aconsejó plantearse la cirugía de la obesidad y le entregó las hojas de información –decía ahora-. ¿Ha pensado usted en ello?

- ¡Huy!, ni hablar. De eso se muere la gente. Eso se lo hacen a otro, pero a mí no.

- Adelaida —continuó la otra con paciencia—, de una diabetes con tan mal control como el suyo, también se muere la gente.

- Pero tardaré más en morirme, ¡digo yo!, ¿no?

- Pues no lo sé Adelaida —dijo María con resignación—. Nadie lo sabe.

- ¿Pero qué garantías hay de que con la operación se resuelva el problema? —se atrevió a preguntar Reme, animada por sus propios pensamientos.

- Esto lo tienen que hablar ustedes con la doctora —respondió prudentemente María—. La cirugía no es un milagro, pero es la forma en que obtenemos con más éxito una pérdida de peso considerable.

- ¿Y el efecto se mantiene a largo plazo? —insistió Reme.

- Tengan en cuenta que la intervención es una situación puntual en la vida del paciente —explicó la educadora—, pero existe un antes y un después. El paciente tiene que ser consciente de las limitaciones y de los riesgos que conlleva la cirugía. Pero, sobre todo, debe quedar claro que el cambio en los hábitos de alimentación deben ser permanentes, si no es así se puede volver a ganar peso a largo plazo.

- ¡Encima eso! —exclamó Adelaida—. Si a la larga no sirve para nada, pues ya ni me lo planteo.

- Yo no he dicho que no sirva para nada —dijo María ya no tan pacientemente—. Muchos pacientes se benefician, y mucho, de la cirugía. Pero no se trata de operar y ya está. Debe tener usted una adecuada instrucción en la dieta y es esencial que siga las recomendaciones de las nutricionistas.

- No sé, no sé. No lo veo claro —suspiró ella.

- He visto que la doctora la ha vuelto a citar en dos meses con unos nuevos análisis —concluyó María levantándose, dando por terminada la visita—. Piense en ello y aproveche la visita para comentarle todas las dudas que tenga. Buenos días.

- Adiós —dijo Reme—. Y muchas gracias por todo.

Magda

- No sé para qué discutes con esa señora –le dijo Magda a Nina, mientras ordenaba las cremas corporales que se veían desde el escaparate lateral–. Dale las recetas que trae y ya está, como siempre.

- Me pone negra –contestó Nina con desesperación, poniéndose a ayudar a Magda–. Siempre tiene algún lío que contar con los medicamentos. Y yo creo que se los toma como quiere. Su médico debe de estar hasta el gorro de ella.

- Pero eso no es asunto nuestro –dijo la otra con espíritu práctico–, trae las recetas que trae y eso es lo que se le dispensa. Si hay algo que le falta, que vuelva a su ambulatorio...

- Bueno, ¡cuéntame! –le cortó Nina con una sonrisa–, qué tal fue la cena del sábado?. Esa crema deberías quitarla, es muy cara y no la compra nadie.

- Genial –respondió Magda con satisfacción, mientras leía la etiqueta del tarro que le había indicado Nina–, ya sabes que a Fernando lo nombraban jefe de área del laboratorio en el que trabaja...

- No me cuentes rollos –le dijo Nina con simpatía, gesticulando con las manos–, que todo eso ya lo sé. ¿Tú que tal?, ¿te pusiste guapa?

- Pues claro que sí –contesto simulando jactancia–, ¿lo dudabas acaso?

- Tú verás. Tú eras la histérica hace un mes con tu cintura –le respondió Nina con franqueza–. Esas de ahí deberíamos ponerlas en el otro escaparate, van muy bien para los niños.

- Mira que eres brusca contestando –murmuró Magda al tiempo que dejaba desordenadamente varios productos sobre el mostrador–, si no te quisiera tanto...

- Me despedirías, ya lo sé –sentenció Nina poniendo los ojos en blanco– , ¿la gente iba muy arreglada?, ¿qué te pusiste?

- ¡Ufl, había de todo –respondió la otra intentando concentrarse en la tarea que quería hacer–. Pero la cena era a nivel estatal y sólo hay cuatro jefes de área, así que ahora Fernando es un pez gordo en la empresa...

- ¡Todo eso ya lo sé! –casi gritó Nina fingiendo desesperación, mientras clasificaba las cremas que Magda había dejado en el mostrador–. Eso me va bien a mí, así me subes el sueldo.

- ¡Que sí!, todo el mundo muy puesto –contestó Magda, haciendo caso omiso del último comentario de su empleada–, ¿no ves que era en el Casino?. Todas de largo y cargadas de joyas.

- ¡Qué pijos sois! –se rió burlona su amiga.

- ¿Pero no eras tú la que quería saberlo todo? –preguntó con sorpresa.

- No me hagas caso, es envidia –se justificó Nina con sinceridad–, ¿y tú qué?

- Me apañé bien con lo del año pasado. La verdad es que el vestido negro me quedaba de maravilla. Pasa el trapo por ese estante, por favor.

- No me extraña, con ese talle que se te está quedando –dijo Nina, de nuevo irónica, al tiempo que quitaba el polvo de la estantería.

- ¡Qué tonta estás! –exclamó Magda sonriendo, pero un poco molesta–, pues sí, estoy muy contenta. En un mes he perdido los tres quilos que gané en verano. Y ahora como y ceno todas las noches, comida de verdad.

- Te ha cogido fuerte la cosa, ¿eh? –le atacó Nina.

- ¡No me ha cogido nada!. Lo que pasa es que me encuentro fenomenal y Fernando me está apoyando mucho. El pobre cena todos los días lo mismo que yo, aunque el doble de cantidad. Menos mal que él come cada día de restaurante, así que no se queja. Aquí podríamos poner la promoción de la nueva crema para la celulitis – continuó Magda unos segundos después, señalando una repisa cercana al cristal del escaparate.

- Vale, luego la pongo. Está en la trastienda sin abrir. ¿Y el ejercicio cómo lo llevas?, hace tiempo que no me comentas nada.

- Al principio, ya te dije, me costaba un montón –explicó mientras ponía ordenadamente las cremas en los estantes, con un pie dentro del escaparate–. La verdad es que me sentía un poco obligada, como Fernando quiso comprar la elíptica y son caras... Empecé poco a poco, los primeros días diez minutos, luego quince, y fui aumentando progresivamente. Ahora estoy en veinticinco minutos, casi todos los días. Y pienso llegar a cuarenta y cinco. ¡Te aseguro que el día que no lo hago, lo echo de menos!

- Te vas a poner como un toro –continuó Nina en su habitual tono jocoso–. El gel podíamos sacarlo de aquí y ponerlo en las baldas del fondo.

- Me parece bien –dijo Magda saliendo del escaparate, un poco ajena al comentario de Nina sobre las botellas–. Como un toro no sé, pero me cabe la ropa del año pasado. Y se me está poniendo un culito...

- ¡Anda!, ¡anda! –exclamó la otra con su característico gesto de burla, con los ojos en blanco–, si llevas dos días haciendo ejercicio, no exageres.

- Deja de hacer tonterías y ve a atender a aquella pareja de ancianos –y la empujó suavemente hacia el otro lado del mostrador– que seguro que te llevará rato.

- ¡Qué dices! –dijo Nina, haciendo con gracia un gesto obsceno con la botella de gel que llevaba en la mano–, tienen cara de querer sólo condones.

- ¡Nina! –gritó contenida Magda–, ¡no seas grosera!

Álvaro

- ¡Mamá! –gritó Sara desde la cocina– ¡mamá!
- ¡Cállate imbécil! –se oyó que le decía Álvaro a su hermana.

Inés entraba en su habitación desde la galería, cargada con la ropa seca que había recogido del tendedero. Estaba ya cansada y sólo eran las seis de la tarde. Las semanas en que tenía la suerte de trabajar todas las mañanas, tenía que dedicarle el sábado a la mayoría de las tareas de la casa. Y con los tres por en medio, le resultaba difícil.

- ¡Cállate tú!, ¡gordo asqueroso! –contestó Sara.

Acto seguido se le oyó chillar de dolor. Inés tiró apresuradamente la ropa que llevaba en brazos encima de la cama y corrió hacia la cocina. Al llegar a la puerta vio que Álvaro, sentado a la mesa enfrente de su hermana, tiraba de su pelo, de manera que la cabeza de la niña quedaba prácticamente a la altura de la superficie de la mesa. Sara chillaba a gritos intermitentes.

- ¡Suelta a tu hermana! –exclamó Inés indignada, plantándose delante del chico con los brazos en jarras. Éste le hizo caso inmediatamente.

- ¡Cerdo!, ¡gordo asqueroso! –empezó a gritar de nuevo Sara el recuperar la posición vertical en su silla, entre sollozos entrecortados–. ¡Eres el gordo del colegio!, ¡la ballena del barrio!

Inés abrió la boca para hacer callar a su hija, pero no le dio tiempo. Álvaro se levantó de su asiento como una exhalación y le dio un fuerte empujón a Sara en el hombro, que cayó de espaldas, golpeándose la cabeza contra la nevera. El agresor desapareció rápidamente por el pasillo. Inés se abalanzó sobre su hija.

- ¡Sara!, ¡Sara! –gritó Inés angustiada cogiéndola en brazos- ¿estás bien cariño?

La niña tenía las manos en la cabeza, y su congestionado rostro mostraba una expresión de llanto, pero no emitía ningún sonido, lo cual sobresaltó todavía más a Inés que, con desesperación, sólo acertó a zarandear a su hija con brusquedad. A los pocos segundos

Sara empezó a llorar escandalosamente, agarrándose con brazos y piernas a su madre. Inés, inconsciente del temblor de sus piernas, se sentó vacilante en la silla que antes ocupaba su hija. Empezó a palpar la cabeza de la chica, pero no le pareció encontrar herida, ni sangre. Tan sólo se le estaba empezando a formar un chichón.

De repente se fijó en Miguelito, sentado al otro lado de la mesa, llorando desconsoladamente, con la baba cayéndole por las comisuras de los labios. Casi no podía oírle, debido a que Sara seguía sollozando cerca de su oreja. Inés tendió un brazo hacia su hijo pequeño, y éste se levantó de su silla y se quedó de pie al lado de su madre, abrazándose a su costado.

Cuando empezó a serenarse vio el desastre de la cocina. Los vasos de leche se habían derramado, y en el suelo se había formado un charco, pisoteado, y mezclado con trozos de galletas rotas. Se imaginó las pisadas que habría dejado Álvaro por el pasillo. En vistas de la escena que se había desarrollado en la cocina, el pensamiento le pareció muy frívolo. Pero es que a las ocho de la mañana, había dejado el suelo de la cocina bien limpio. El de la cocina, el del comedor, el del pasillo… Ya puestos, había decidido pasar la fregona por el resto de la casa, antes de que se levantasen sus hijos.

Mientras mecía a su hija, que ya sólo sollozaba pausadamente y se sorbía los mocos, sintió unas profundas ganas de llorar. Pensó en Vicente, libre en su camión. Trabajaba duro para sacarlos adelante, pero se ahorraba todo aquello. Por primera vez en su vida, deseó ser camionera. Se imaginó a sí misma conduciendo su propio vehículo, en un largo viaje sin preocupaciones. Pero la ensoñación se le vino rápidamente abajo, cuando recordó a su marido quejándose de los viajes en que encontraba hielo o niebla, o lluvia torrencial. Le aterrorizaba conducir con mal tiempo. Todo tenía sus contras pensó.

Resignada, se levantó, dejando sentada a Sara en la silla. Cogió un paquete de guisantes del congelador y se lo puso a la niña en la coronilla.

-¿Qué ha pasado hija? –le preguntó con suavidad, arrodillada junto a ella, sujetando los guisantes con una mano.

- ¡Ayyyyy! –se quejó, intentando apartar la cabeza.

- No te lo quites –le dijo Inés–, el frío te irá bien. ¿Por qué habéis discutido?

- Me estaba quitando las galletas de la merienda –y empezó a llorar de nuevo- ¡A mí y a Miguelito!

A Inés se le cayó el alma a los pies. ¡Lo que le faltaba! Ya llevaba casi un mes intentando poner en práctica las medidas que le habían recomendado, pero la cosa iba de mal en peor. Álvaro se quejaba constantemente, del desayuno, del tamaño del bocadillo del almuerzo, de la merienda que le llevaba al salir del colegio, de comer fruta, verdura… Y llevarlo a la piscina suponía todo un reto. Se sentía incapaz de continuar así. Cuando merendaban en casa los fines de semana, les ponía la leche a los tres, y en vez de dejar el paquete de galletas encima de la mesa como antes, les daba a cada uno la cantidad que ella consideraba adecuada.

Algo estaba haciendo mal. Se planteó seriamente dejarlo correr, y volver a la rutina de antes. Pero se resistía. La reacción del chico a los insultos de su hermana, hablaba por sí sola. Además, estaba convencida de que su hijo tendría problemas de salud en el futuro si no le ponía remedio, y sólo de pensarlo, le entraban remordimientos. Seguía teniendo presente la conversación que había tenido con su tía, y algo había intentado, pero no tenía muy claro cómo hacerle entender a un niño de diez años qué era tener problemas de salud, en un futuro todavía para él muy lejano. Lo que tenía claro es que de hoy no podía pasar.

Llevó a los pequeños al cuarto de baño y les limpió la cara y los mocos, a Sara le puso una camiseta limpia y le dio un analgésico en jarabe. Los puso a los dos en el sofá y los dejó viendo un canal infantil. Se quedó de pie en el pasillo, apretándose las manos, indecisa entre ir a hablar con Álvaro o limpiar la cocina. Comenzó a tranquilizarse al oír a Miguelito reírse con los dibujos animados. Decidió limpiar primero, mientras reflexionaría sobre lo que le iba a decir, y quizá él también estaría más sereno.

- Álvaro –se dirigió a él con suavidad al abrir la puerta de su habitación. Estaba tumbado en la cama, de espaldas a la puerta–, Álvaro hijo, ¿cómo estás?

- ¡Déjame! –respondió enfurruñado, pero al menos no gritaba–, ¡vete!, no quiero ver a nadie.

- Hijo, tenemos que hablar –dijo ella, sentándose en el borde de la cama–. Date la vuelta por favor.

- No quiero –respondió el chico elevando la voz, pero a Inés le pareció que empezaba a llorar–. ¡Déjame en paz!, quiero estar sólo.

- No me voy a marchar –repuso con firmeza–, ¿tú crees que está bien lo que le has hecho a tu hermana?

- No... –murmuró tras unos segundos de silencio–, pero se ha pasado mucho conmigo.

- En eso tienes razón –aceptó con diplomacia– y después hablaré con ella seriamente, pero tienes que entender que lo que le has hecho está muy mal, podría haberse hecho daño de verdad.

- ¡Claro! Tú siempre te pones de su parte –dijo Álvaro girándose hacia su madre y sentándose en la cama.

- Eso no es verdad –objetó ella cogiéndole de la mano, con una enorme congoja al ver los ojos hinchados y enrojecidos de su hijo–. Y ya tienes edad para entender que no puedes tratar a tus hermanos así, ni a tus hermanos ni a nadie. ¿Cómo voy a confiar en ti si pienso que puedes hacerles daño?

- Yo... –balbució Álvaro. Con el tema de la confianza Inés había dado de lleno–, yo no quería hacerle daño... Lo he hecho sin pensar.

- Ya sé que no era esa tu intención –continuó su madre, animada por el cambio de actitud de su hijo–, pero lo que te ha dicho, te ha provocado una reacción que no me gusta, y es de lo que quiero que hablemos.

- Ha sido sin querer... –insistió él en voz baja.

- No ha sido sin querer. ¿Hay algo de cierto en lo que ha dicho tu hermana? –se atrevió a preguntar finalmente.

- Sí... –contestó sonrojándose y bajando la mirada.

- ¿En el colegio te insultan? –preguntó Inés notando que el corazón se le aceleraba–. ¿Y en la calle cuando juegas al fútbol? –volvió a preguntar, recordando las palabras de su tía.

- Me llaman gordo… gordo y ballena –respondió el muchacho, empezando a llorar de nuevo– … y más cosas…

- ¿Y tú qué haces? –insistió ella, reprimiendo las lágrimas, e imaginándose a sí misma viviendo en el lejano oeste, donde podías salir a la calle con tus dos revólveres en las cartucheras para hacer justicia.

- Me peleo con ellos –contestó Álvaro, ahora con expresión de ira.

- ¿Y obtienes algo con esa actitud? –dijo Inés sin saber bien cómo continuar.

- Algunos ya no se meten conmigo… Pero los mayores sí –reconoció.

- ¿Y tú cómo te sientes? –preguntó de nuevo.

- Mal –respondió, encogiéndose de hombros–. Intento no encontrármelos, pero en el recreo a veces me buscan ellos.

- ¿Y se lo has dicho a tu profesor? –interrogó la madre, tomando nota mentalmente de hablar ella misma con el tutor.

- ¡No soy un chivato! –exclamó el chico, con el ceño fruncido.

- Lo sé hijo. Entonces… ¿Qué quieres hacer?, ¿qué puedes hacer para mejorar la situación?, ¿qué es lo que te gustaría cambiar?

- Me gustaría no ser gordo… –murmuró entre dientes, en voz tan baja que Inés no pudo entenderle.

- No te he entendido hijo, ¿me lo repites?

- Que me gustaría… me gustaría no estar gordo –repitió Álvaro con la mirada fija en la colcha.

- ¿Pero por ti?, ¿o por lo que te dicen los otros niños? –preguntó ella, ahora ya con una idea clara.

- No sé… –dijo un poco más calmado–, por las dos cosas, creo.

- Bueno, eso me parece bien –dijo la mujer, abrazando a su hijo, que ahora ya no oponía resistencia–. Si tú quieres cambiar, por ti, me parece bien. Pero no hay que cambiar por lo que piensen los demás. Cada uno es como es y tenemos que aceptarnos así. Pero yo sé que tú puedes cambiar si quieres.

- ¿Y cómo se hace eso, mamá? —preguntó él con inocencia.

- Pues lo que hemos estado intentando hasta ahora —respondió Inés esperanzada, recordando la información de los papeles que se había leído innumerables veces—, cambiando nuestras costumbres de comidas. Poniendo menos cantidad en el plato, reduciendo los bollos y los pasteles del supermercado, y las patatas de bolsa. O reservarlo sólo para algunas ocasiones. Tomando los refrescos sin azúcar y bebiendo agua también, ¡que está muy buena fresquita!. Merendando fruta los días que no tienes natación. Los yogures desnatados...

- ¿Y tengo que comer lechuga? —preguntó compungido, con cara de niño más pequeño, mirándola a lo ojos.

- Bueno, hijo... —respondió ella con una sonrisa—, ya sé que la lechuga no te gusta mucho. Te pondré poquita, ¿vale?, pero el tomate sí que te gusta...

- Sí, eso sí —aceptó Álvaro limpiándose las lágrimas con la manga de la camiseta.

- Y la cebollita tierna, y el pepino... —continuó diciendo Inés—, iremos probando cosas nuevas y buscando lo que te guste más. Aquella vez que hice champiñones te gustaron mucho.

- Estaban muy buenos.

- Pero tenemos que tener cuidado con el aceite para freírlos, y para aliñar la ensalada —continuó ya embalada—, y también quiero probar unas recetas que me han dicho, con verduras al horno...

- Vale mamá... ¿y así dejaré de estar gordo? —preguntó con desconfianza, después de unos segundos de silencio.

- Vamos a ver hijo —comentó ella con prudencia—, cada uno es como es, tú eres de constitución ancha y grande, como papá. Otra cosa es acumular demasiados michelines. Si me haces caso, entre los dos lo conseguiremos. Pero poco a poco. No te creas que va a ser de un día para otro.

- ¿Y cuánto tiempo mamá? —volvió a preguntar Álvaro.

- Pues… hijo —respondió Inés—, en realidad el cambio debería ser para siempre. Si después de un tiempo vuelves a comer como antes, no resolvemos nada.

- ¿Y no podré volver a comer los bollos de chocolate que tanto me gustan? —preguntó el chico con los ojos muy abiertos.

- ¡Claro que sí! —respondió su madre, intentando quitarle dramatismo—, lo que pasa es que sólo de vez en cuando, no casi todos los días como hasta ahora, o varios bollos de golpe. Si habitualmente comemos como te he dicho y haces ejercicio, los sábados o en algunas fiestas, podemos comprarlos. ¿Te parece bien?

- Vale —dijo Álvaro, asintiendo con determinación.

- Y no quiero líos ni peleas para ir a la piscina —subrayó Inés amenazándolo con un dedo extendido, queriendo, en broma, aparentar excesivo autoritarismo—, ¿está claro?

- ¡Vaaaale! —aceptó el muchacho, de buen humor.

- ¿Hemos hecho un pacto? —preguntó la mujer con solemnidad, tendiéndole una mano.

- De acuerdo —respondió, chocando la mano de su madre.

- Pero los pactos hay que cumplirlos, ¿eh?

- Que síííííííí —dijo Álvaro saltando de la cama, ya cansado de tanta conversación.

- ¡Un momento caradura! —exclamó Inés, poniéndose también de pie.

- ¿Qué? —preguntó él, impaciente.

- Tienes que pedirle perdón a tu hermana —impuso, con una expresión que no daba opción a contradecirla.

- ¡Jooooooo! —se quejó, dando una patada en el suelo—, ¿y ella qué?

- Por esta vez no va a haber castigo… —continuó Inés, inflexible—, pero tenéis que pediros perdón y prometer que esto no va a suceder más.

- ¡Está bien! —aceptó de nuevo, saliendo de la habitación con los hombros caídos—, ¡pero no es justo!

- Y tampoco quiero más peleas en el colegio o en la calle —añadió—. Ahora tenemos claro lo que queremos hacer y no debe importarte lo que piensen los demás. Si ven que deja de importarte, lo dejarán de hacer.

- ¡Sí! —murmuró Álvaro con escepticismo, caminando por el pasillo—, tú lo ves muy fácil...

Inés suspiró con satisfacción al verlo dirigirse hacia el comedor. Creía que hoy se había ganado el premio a la madre del año. Confiaba en que las cosas irían mejor a partir de ese día, pero sabía que el camino no había hecho más que empezar.

4 | En plena rutina del cambio

Juan

- Papá, ¿vas a comer tarta? –le preguntó a Juan su hija Rosa desde la cocina.

- No, mejor que no.

- Come un trocito Juan –le dijo Adela en voz baja–. La ha hecho Rosa para su hermano.

- Pero tarta no debo comer, ¿no?

- Mira que eres duro de mollera. Es el cumpleaños de tu hijo, su hermana le ha hecho una tarta y ha estado toda la mañana en la cocina. Te comes un trocito pequeño y ya está. Sin hacerte la víctima –su mujer le señalaba con el dedo índice mientras le hablaba– ni quejarte.

- Comeré un poco hija –gritó Juan.

Raúl se sentó al lado de su padre, tras dejar una botella de cava en la mesa. Era su segundo hijo, cumplía 19 años y estudiaba ingeniería informática. Era el cerebrito de la casa, bueno Rosa todavía estaba en el instituto y le iban bien los estudios, quería estudiar filología inglesa, era muy buena con los idiomas.

- ¿Vendrá tu hermano? –le preguntó Juan a su hijo.

- Pues... no lo sé –Raúl estaba un poco azorado, su hermano mayor aparecía poco por casa desde que se había independizado. De adolescente era un bala perdida, pero desde que había conocido a su novia y había encontrado trabajo estaba bastante mejorado–. Creo que está bastante liado con el trabajo...

- Ya –respondió escéptico.

Adela apagó las luces y Rosa llegó con la tarta y las velas encendidas. Justo entonces sonó el timbre de la puerta. Eran Juan y Cristina.

- Hijo, ¡qué sorpresa!, al final habéis podido venir –dijo la madre al abrir la puerta, un poco emocionada–. ¿Habéis comido?

- Claro mamá, no te preocupes por eso –respondió el joven, entrando en el comedor–, sólo hemos venido a felicitar a mi hermanito "el listillo" —continuó, mientras le daba una palmada amistosa a Raúl en el cogote.

El padre estaba contento. Comió su minúscula ración de tarta y bebió media copa de cava. Hacía 10 años que no fumaba, pero últimamente lo echaba mucho en falta, por lo menos el tabaco no engordaba... Se dio cuenta de que no lo estaba pasando mal, la tarta de Rosa estaba exquisita, y antes se hubiese comido la mitad él sólo, pero tenía muy claro lo que debía hacer. Si bien al principio se sentía confuso, ahora todo cobraba sentido. Comprendió que sus hijos, aunque ya mayores, todavía le necesitaban y se dijo que era una buena razón para cuidarse.

- Bueno papá, ¿qué tal con tu médico favorito? —le preguntó Juan.

- Pues muy bien —respondió Adela, advirtiendo a su hijo con la mirada que no se pasase.

- La verdad es que se te está poniendo un tipo envidiable —continuó la chanza.

- No me toques las narices —advirtió su padre en tono de broma.

- Pues que sepas que papá ha perdido ya nueve quilos —dijo Rosa.

- Es cierto —intervino Adela— pero eso no es lo más importante. El control de la diabetes es excelente y la semana pasada le redujeron la medicación para la tensión y le han retirado la otra pastilla, la de los triglicéridos, al menos de momento.

- Vaya papá, lo siento —dijo Juan un poco avergonzado— no pensé que fuese tan grave la cosa. Y vosotros, también podríais habérmelo contado... —añadió mirando a sus hermanos.

- Será por lo que te vemos —dijo Rosa de forma cáustica—. Lo de la máquina para dormir... papá ¿seguirás con ella? —le preguntó a su padre cambiando de tono.

- De momento sí hija, tienen que ajustarme la presión, pero es pronto todavía para quitarla. Además, me ha ido muy bien, me encuentro fenomenal. Parece ser que algunas personas no se adaptan del todo, menudo problema...

Laura

Empiezo a ver la luz. Me han reducido la medicación y me encuentro mejor. He tenido alguna recaída con la comida, pero llevo dos meses sin vomitar. Ya he perdido seis quilos en estos tres meses. Estoy más contenta, pero me sigo viendo en una situación de equilibrio inestable. Como un funambulista que puede caer de un momento a otro. Odio esta sensación. Los anticonceptivos y la depilación láser están haciendo maravillas con mi cara. Qué lástima no haberlo hecho antes.

Mamá sigue sin hablarme. Mis hermanas se enteraron de la trifulca, pero al parecer ella no les contó que estoy en tratamiento. Estoy sorprendida con su reacción. No se pusieron de su parte. Me dijeron que tuviese paciencia. ¿Paciencia?. Que entendiese que mamá lo había pasado muy mal al morir papá y quedarse cuidando de su suegra y que se había volcado con sus hijas al morir la abuela. Que sabían que mamá tenía un carácter difícil, pero que tenía buenos sentimientos. ¿Buenos sentimientos? Que conmigo siempre le resultaba difícil comunicarse. Que sentía que yo la rechazaba. Que le hacía sufrir. ¿Mi madre sufría por mí?. ¿He juzgado mal a mi madre? ¿He sido injusta con mis hermanas? Tengo que trabajar estos sentimientos.

Por fin me he atrevido a hablarle al psicólogo de Daniel. Mi vecino del cuarto. Nuestro último encuentro fue catastrófico. Estaba en el bar de la esquina tomando algo con una rubia muy joven. Cuando me saludó se me cayó el bolso y la carpeta. Qué vergüenza... Pero lo peor es que al tratar de ayudarme, Daniel tiró una cerveza al suelo y mojó mis apuntes. Creo que también se puso nervioso. ¿Lo creo? ¿o solo lo deseo? Trabajamos algunas pautas para futuros encuentros. Me dice que está contento con mis progresos. Ya no pienso que no lo merezca, aunque entiendo que yo no le guste. De hecho, lo que no entendería es que yo le gustase.

He conocido a la hija de Merche. Me invitó al cumpleaños de su nieto y decidí ir. Tal y como esperaba, Andrea es una persona excelente. Amable, positiva y risueña. Pero no es físicamente como la había imaginado. Para nada. Creí que una mujer con la personalidad que describía Merche tenía que ser despampanante. Pero no. Andrea es bajita, castaña y pecosa. Pero en cuanto la conoces te parece atractiva. Es madre soltera y no parece en absoluto acomplejada por ello. Hemos quedado un par de veces para salir, y me impresiona la cantidad de gente que conoce. Admiro su capacidad para disfrutar de la vida.

Tengo que hablar con mamá. No podemos seguir así. Creo que le he hecho daño. Me siento culpable. Pero me gustaría hablarlo primero con el psicólogo. No quiero dar mi brazo a torcer demasiado pronto. No ha sido una buena madre conmigo, o al menos yo no la he sentido así. Quizá las dos somos culpables. Quizá deberíamos retomar nuestra relación desde otra perspectiva. Necesito tiempo.

Berta

- Qué alegría que hayas venido a verme Hortensia – le dijo Berta a su acompañante, cogiéndola afectuosamente del antebrazo.

- Yo también me alegro –respondió su cuñada con una sonrisa– y eso que tu hermano no me quería traer.

Berta siempre había tenido buena relación con la mujer de su hermano mayor. Hortensia tenía un carácter afable, pero no débil. Eso le había permitido modelar su relación con Berta, y a lo largo de los años su amistad se había consolidado. La consideraba su mejor amiga, en realidad la única que conservaba. ¡Lástima que viviese en otra ciudad!

- Lo que debería hacer mi hermano es jubilarse, como Julián –dijo Berta–. Está mucho mejor desde que no trabaja. Ojalá lo hubiera hecho antes.

- Ya lo conoces, el negocio es lo que más le importa –contestó Hortensia, que dejó la taza de café en el plato y se sirvió otra cucharada de azúcar.

- Lo sé, es como mi padre –murmuró Berta mirando a través de la ventana, recordando–. Y si no se cuida, acabará como él, con un infarto.

- ¡Vamos, no digas eso! –exclamó Hortensia frunciendo el ceño–. Pedro está bien de salud, fuerte como un toro. Tan activo como siempre. ¿Cómo están tus hijos y tus nietos? –preguntó.

- Afortunadamente todos bien –respondió ella con orgullo–. Con mucho trabajo, eso ya es de agradecer. Y mis nietos, adorables. El pequeño, el octavo, el hijo de Alfonso, ya ha cumplido un año. Es clavadito a su padre de pequeño. Pero con los ojos de su madre.

- ¡Dios mío! ¿ya ha pasado un año? –dijo Hortensia, llevándose una mano a la frente–, si me parece que fue ayer cuando vinimos al bautizo. Nos hacen mayores –esta vez fue Hortensia la que puso la mano sobre el antebrazo de su cuñada–... ¡es que somos mayores, caramba!

- ¿Y los tuyos?, ¿todos bien? –preguntó educadamente Berta.

- José Luis y los chicos muy bien —empezó a explicar su cuñada—, su mujer, ya sabes, con su enfermedad, delicada pero estable. Marina es la que me preocupa. Ha vuelto a perder el bebé y era la tercera inseminación. Creo que van a dejarlo. Ya no son tan jóvenes. Están con lo de la adopción, pero no es un asunto sencillo.

- Cuanto lo siento hija —dijo la otra apesadumbrada—, con la buena pareja que hacen, tendrían unos hijos preciosos.

Berta se había acomodado en su butaca preferida, junto a la ventana. Hortensia ocupaba la butaca de enfrente. Las separaba una mesita redonda de mediana altura donde Berta había dejado las tazas. Se sentía un poco violenta por no tener nada de picar que ofrecerle a su cuñada.

- Siento… —se disculpó, para llenar el silencio que se había hecho entre ellas—, siento no tener ni unas pastas que ofrecerte.

- El café es más que suficiente. Si no, se me pone todo aquí —dijo Hortensia señalándose las caderas, recuperando el ánimo—. ¿Y tú cómo estás?.

- Mejor, mejor —contestó Berta con poca convicción—, ya hace tres meses que empecé la dieta esa dichosa.

- Tienes mejor aspecto que la última vez que nos vimos —aseguró con sinceridad.

- Eso me dice Julián. Pero sólo he adelgazado seis quilos en este tiempo. Muy lento va esto.

- Lo importante es que tú te encuentres bien —dijo Hortensia, queriendo darle ánimos—, ¿es muy estricta esa dieta?

- No, la verdad es que no —reconoció Berta—, en realidad como casi de todo. Al mediodía lo mismo que le cocino a Julián, pero menos cantidad y un plato de ensalada. Por la noche, más ligerito. Y los suplementos entre comidas, para entretenerme.

- Entonces, ¿cuál es el secreto?. Porque tú has perdido peso —dijo sorprendida.

- Pues secreto ninguno —respondió, juguetando con el collar—, lo que pasa es que ya no como a deshoras. Tú sabes que a mí el plato de cuchara me da igual, pero mis galletitas de chocolate, la fruta de verano y las empanadillas de pisto... He dejado de hacer repostería, me aburro mucho por las tardes. Y ahora la chica viene cada día a limpiar, así que poca cosa tengo que hacer.

- Te entiendo, pero beneficio para tu salud seguro que le estás sacando. Quizá no hayas perdido mucho, pero yo te veo mejor, menos hinchada de la cara y las piernas.

- Es que además, Julián me saca cada día a caminar. Por la mañana y por la tarde –dijo Berta, gesticulando como si su marido no estuviese bien de la cabeza–. Parece que entrenemos para una maratón.

- No te quejes, encima de que te cuida –dijo Hortensia sonriéndole.

- Sí, se lo ha tomado como una cuestión personal. Ya sabes que él siempre ha jugado al golf y lo de caminar lo ve fácil. Pero yo vuelvo a casa hecha papilla.

- ¿No tenías que operarte de las caderas? –preguntó su cuñada apurando su segundo café.

- De momento no. Me dijeron que debía perder peso antes de meterme en el quirófano. Así empezó todo este embrollo.

- Y, en general, ¿estás mejor?

- Sí, pero no se lo digas a mi marido. Creo que entre perder peso y moverme más, me siento más fuerte, menos inestable. Pero el dolor sigue, menos, pero sigue. También creo que ha tenido algo que ver esto –dijo Berta extendiendo una pierna y mostrándole su zapato–. No te rías.

- ¿Por qué me iba a reír? –mintió Hortensia, riendo abiertamente–, son bonitos...

- No me hace ni pizca de gracia –respondió ella muy digna–. Aún te tengo que ver a ti con ellos puestos –lo cual estimuló más la hilaridad de su cuñada.

Leo

- Hola Roge –le dijo Leo al entrenador del gimnasio–, ¿puedo hablar contigo?

- Claro que sí –respondió Rogelio–, ¿qué necesitas?

- Mira, he pensado que voy a intentar venir de forma regular...

- Eso me suena –murmuró burlón el entrenador.

- Perdona, pero no recuerdo haberte dicho a ti antes si iba a venir más o menos –respondió cortante Leo.

- Disculpa – la actitud de Roge cambió de forma radical-. Tienes razón. Dime.

- Lo que quiero es que me aconsejes sobre la actividad que sería más conveniente para mí.

- ¿Cuántos días a la semana piensas venir? –preguntó él.

- Supongo que cuatro, no sé, ya veremos –respondió con poca seguridad.

- Ok. ¿Y cuánto tiempo le quieres dedicar?

- No sé, una hora como mucho –contestó Leo, consciente de lo poco que había reparado en este asunto–. Algunos días menos, según a la hora que llegue.

- Vale, y ¿qué objetivo tienes? –preguntó el otro, que empezaba a hacerse una idea de las intenciones de Leo.

- Básicamente perder algo de peso... –contestó ella con sinceridad– pero también sentirme mejor, más ágil.

- Tú eres joven y estás sana –comentó Rogelio con naturalidad– ¿por qué no vienes a las clases de spinning?

- ¡Qué dices! –exclamó ella en voz baja–, si una vez entré y casi me muero.

- Es que durante un tiempo deberías entrenarte un poco aquí en la sala de las máquinas –explicó el entrenador–. Tienes la cinta, la bici y la elíptica.

- Pero es tan aburrido... –dijo Leo arrugando la nariz.

- Ya, pero verás que las clases de spinning son más divertidas, cuando lleves un tiempo seguro que te enganchas.

- Si tú lo dices... —aceptó algo desanimada.

- Además podrías empezar con las clases de Mª José, que son más suaves —continuó, intentando animarla—. Son a la misma hora que las mías, pero en la sala 2.

- ¿Y cuánto tiempo tendría que esperar para poder entrar en esas clases? —preguntó Leo, empezando a planteárselo seriamente.

- Eso tú misma lo irás viendo, a medida que vayas entrenando, cada vez te notarás con más capacidad y resistencia. Además puedes entrar cuando quieras y, si ves que te cansas mucho, no acabes la clase. Es importante que empieces poco a poco y vayas progresando, sin prisa. Date tiempo.

- Vale —dijo ella pensativa.

- También es fundamental que calientes la musculatura. Aquí tengo unos esquemas con los ejercicios para hacer antes de empezar.

- Sí, por favor —se animó, aunque un poco avergonzada—. Ya me los disteis una vez, pero... los perdí.

- No te preocupes —dijo sonriendo Rogelio— no eres la primera.

- Supongo que no.

- Y también te puedo hacer una tabla para los aparatos —continuó solícito—, para que trabajes piernas, glúteos y segmento superior.

- ¡Oh, no! —exclamó ella con aversión—, los aparatos sí que no los soporto.

- Tranquila mujer, ya verás que será poco rato —sonrió— y en unos meses estarás en forma.

- ¡Unos meses! —exclamó Leo.

- ¿Qué esperabas? —preguntó él, en un tono neutro—, esto cuesta un esfuerzo, pero tiene recompensa. Ya verás.

- De acuerdo —aceptó finalmente con resignación.

Germán

- Hola Germán —saludó Carlos al entrar en la sala de profesores—, ¿cómo te va? — se sentó a su lado dándole una palmada amistosa en el hombro.

- Hola Carlos, todo bien —respondió sonriéndole.

Tenía buena relación con Carlos desde hacía 10 años, cuando Germán llegó al colegio. Se alegró sinceramente cuando le nombraron director, siempre le había parecido un buen candidato para el puesto. Trabajador, enérgico, franco y a la vez conciliador. Sabía mantener las formas y a cada uno en su sitio, incluyendo a la junta de padres y madres.

Un mes antes, Carlos le había pedido que fuese el nuevo jefe de estudios, el segundo de a bordo, y él no había podido negarse. El puesto suponía más responsabilidad y trabajo, con escasa mejora económica y casi la misma carga lectiva. Pero sabía que constituían un buen equipo y para el siguiente trimestre ya tenían previstas mejoras notables, que a nadie les pasarían desapercibidas, incluso a los pocos que les gustaría verlos fracasar.

- Estás desconocido macho —dijo Carlos mirándole con asombro—, hace días que te lo quería decir, pero siempre hay gente alrededor.

- ¡Dímelo a mí!, me encuentro de coña.

- ¿Cuánto peso has perdido? —preguntó el director sacando unos documentos del portafolios.

- Unos nueve quilos, en tres meses —respondió Germán con satisfacción.

- ¡Ah!, pues parece que hayas perdido más —dijo Carlos mirándolo fijamente.

- Bueno, es que me he tomado muy en serio lo de la natación.

- Eso está muy bien —sentenció el otro, que jugaba al tenis de 3 a 4 veces por semana, desde que era joven, y se mantenía realmente en forma—. Es lo mejor que has podido hacer.

- No te creas, al principio fue un poco jodido, con lo de la espalda... – explicó Germán.

- Pero ¿estás mucho mejor?, ¿no? –le interrogó con la mirada.

- Sí, ahora sí –reconoció.

- Hace días que no te oigo quejarte, y el año pasado me tenías preocupado. Estuviste más tiempo de baja que trabajando.

- Lo sé –admitió Germán un poco violento.

- ¡Qué no es un reproche! –añadió el otro con la mano derecha levantada– te aseguro que estaba de verdad preocupado. Cuando se jubiló Eloisa el curso pasado, el primero en mi lista para ser jefe de estudios eras tú, ¡pero chico!, estabas en muy malas condiciones...

- Por eso se lo pediste a Paco... –dijo Germán irónico. El nombramiento de Paco le había sentado francamente mal.

- ¡Germán no me vengas ahora con esas! –exclamó Carlos gesticulando con las manos–, ya te dí mis explicaciones hace un mes. Paco lleva veinte años en el colegio y está bien relacionado. Es un inepto, ya lo sé. Pero yo también recibo mis presiones ¿sabes? Por fortuna tuvo ese percance con aquellos padres, y fue lo suficientemente decente para dimitir él mismo, te aseguro que yo no tuve nada que ver.

- Se veía venir, con el carácter que tiene –afirmó, mientras hacía garabatos en sus papeles–. Es un prepotente.

- Y no sólo es eso Germán...

- ¿Qué quieres decir? –preguntó él, intrigado.

- Oye, nos conocemos hace ya más de 10 años –la expresión de Carlos se había endurecido un poco, volvía a ser el director y no el amigo–. Te aprecio y conozco de sobra tus habilidades y aptitudes, pero...

- ¿Pero qué? –interrogó enarcando las cejas.

- Pues que últimamente estabas un poco... abandonado, diría yo.

- ¿Abandonado? ¿de qué me hablas? –Germán empezaba a sonar irritado.

- Mira... -empezó a decir Carlos- todos conocemos a buenos maestros que con el tiempo pierden ilusión, energía. Seguro que pasa en todas las profesiones y la nuestra tiene mucho desgaste. Reconoce que empezabas a entrar en una cierta dinámica de "quemazón", de rutina, en tus exámenes, en los contenidos de tus clases, en los seminarios. Y eso empieza a trascender también a otros ámbitos de la vida, en el personal y en el físico también. Te abandonas, te dejas crecer la barriga, dejas de moverte y entras en un lento declive.

Germán estaba pasmado. Miraba fijamente a su amigo sin poder dar crédito a lo que le decía. Pero en su interior sabía que lo que estaba escuchando era cierto. Hacía tiempo que se había acomodado, se sentía indolente, sin ganas de hacer cosas nuevas, de improvisar en su vida profesional ni personal.

- Pero chico, en estos meses, tras la operación, te he visto cambiado – continuó hablando, preocupado por el silencio de Germán–, estás más dinámico, más... joven, te vienes por las mañanas con tu bolsa de deporte y te veo salir al mediodía con ilusión, y vuelves por la tarde como nuevo. Y esa transformación física... estoy impresionado.

- ¿Por eso me diste el puesto? –acertó a decir el otro.

- Lo que intento decirte es que te ofrecí el puesto porque conozco tu valía, pero te estabas empezando a echar a perder –dijo Carlos con franqueza–. Ahora has vuelto y estás fenomenal. Tienes un montón de proyectos, todo ideas buenas. ¿Pero es que no te das cuenta? Quizá te ha ido bien tener la espalda jodida, no hay mal que por bien no venga.

- Bueno, pues para eso hemos quedado, para hablar de mis proyectos, y de las posibilidades de financiación –dijo Germán abriendo su carpeta y dando por zanjada la conversación. Aunque en todo el día no pudo dejar de pensar en las palabras del director.

Lorena

- ¿Quieres cereales con la leche? –preguntó Elena a su hija Lorena, poniendo la caja sobre la mesa de la cocina.

- No, mamá –respondió ella, levantándose de la silla y abriendo la nevera–, prefiero un poco de pan. ¿Queda queso fresco? –le preguntó, revolviendo las cosas en su interior.

- Creo que sí –contestó su madre con poco convencimiento, asomándose también a la nevera– ¡mira!, ahí está. ¿Te pones aceite en las tostadas?

- No, tomate natural –respondió Lorena, cogiendo un tomatito del cajón de la verdura.

- Buenos días –saludó Vero alegremente, entrando en la cocina todavía en pijama.

- Buenos días hija –dijo su madre, dándole un beso en la mejilla.

- Hola –dijo Lorena, atareada en prepararse las tostadas.

- ¿Qué quieres desayunar? –preguntó Elena, sirviéndole ya el tazón de leche.

- No sé… –respondió Vero indecisa, sentándose a la mesa, al lado de su hermana–, no tengo mucha hambre.

- Hija, tienes que comer algo –dijo Elena, dejando traslucir su preocupación maternal–, que os estáis quedando las dos en los huesos.

- ¡Sí! –exclamó Lorena con la boca llena– ¡esqueléticas!

- Tomaré cereales –dijo Vero cogiendo la caja, preparándose mentalmente para la discusión que se avecinaba con su madre.

- Habéis perdido peso las dos –dijo su madre preocupada–, yo creo que no coméis bien. ¿Tenéis bastante con lo que os lleváis de aquí?

- ¡Mamá! –exclamó Vero con fastidio– no empieces, por favor. Nos sobra comida, si hasta Ester come de lo que tú preparas. Lo que tienes que hacer es dejar de cocinar tanto, que nosotras ya nos apañamos. Cada vez nos preparamos más cosas, Lorena está hecha una cocinitas… –dijo con ironía mirando a su hermana, que le respondió con un gesto obsceno aprovechando que su madre estaba de espaldas.

- No lo tengo yo tan claro –dudó la madre, empezando a guardar los objetos limpios del lavaplatos– ¿Cuánto peso has perdido Lorena?

- Sólo he perdido dos quilos –contestó, limpiándose con una servilleta de papel y removiendo la leche–, y ya llevo un mes. Pero al médico le pareció muy bien.

- Bueno –aceptó más tranquila–, pero es que si vais a correr y todo eso...

- Mamá, no te preocupes –intervino Vero–, comemos fenomenal, mejor que nunca, ¿verdad? –interrogó, mirando a su hermana con complicidad al recordar las pizzas familiares de las primeras semanas.

- Claro que sí, quédate tranquila –dijo Lorena a su madre, pero poniéndole cara de burla a Vero.

- Pero yo creo que tú también has perdido peso –añadió la mujer girándose hacia sus hijas–... y a ti no te hacía falta...

- ¡Que no mamá! –exclamó Vero un poco irritada–, lo que pasa es que he vuelto al peso que tenía en verano, que es mi peso de siempre. Ya sabes que me gusta hacer deporte, y el primer mes que estuve fuera no hice nada.

- ¡Ay!, no sé... –exclamó un poco angustiada–, las dos solas allí... A ver si vais a coger una anorexia o algo de eso... Ya sabéis que yo no era muy partidaria de enviaros solas a la ciudad, pero tu padre... Claro que a él todo le va bien, no sufre por nada. Pero yo... me paso toda la semana con un peso aquí –dijo llevándose una mano al pecho.

- No tienes que preocuparte mami –dijo Vero zalamera, poniéndose de pie y abrazando a su madre, aterrorizada por la idea de que plantease la idea de irse a vivir con ellas entre semana–, estamos fenomenal. Ya somos mayorcitas y nos sabemos cuidar. ¡De verdad!, no sufras. Mira Lorena, había ganado mucho peso y ha ido al médico y el análisis está genial. Y come muy bien y muy sano, ¡te lo aseguro!

- Sí, pero podíais haberme avisado antes —dijo Elena sentándose en una silla—. Yo podría haberte acompañado al médico —continuó, mirando a Lorena— No es tan raro que una madre acompañe a su hija, vamos ¡digo yo!

- Pero mamá —respondió su hija—, si no es nada importante, no estoy enferma. Y de verdad que me encuentro estupendamente. Mucho mejor que antes. ¡Ya soy capaz de correr veinte minutos sin echar el hígado! —bromeó mirando a su hermana.

- Os hacéis mayores... —murmuró Elena con aire de víctima, empezando a recoger las tazas del desayuno— ¿Al final coméis en casa hoy?

- Yo no —dijo Vero—. He quedado con Nacho y sus amigos para ir de excursión a la ermita. Me prepararé un bocata, ¿te quieres venir? —le preguntó a su hermana, mientras ayudaba a su madre—... viene el hermano de Rafa... —añadió, poniendo una cómica cara de lascivia.

- ¡Idiota! —contestó la otra por lo bajo—. No sé, había quedado con Ester para acabar un trabajo —continuó, ahora indecisa por la información que le había dado Vero—... pero es para el viernes...

- ¿No te irás a traer a Ester? —preguntó ella alarmada.

- ¿No os lleváis bien? —intervino rápidamente su madre, al encontrar un nuevo motivo de preocupación.

- ¡Sí! —contestó Vero con demasiado énfasis— ¡Claro!, pero es que estaba tan preocupada esta semana por el trabajo, que no pensé que quisiera venir —añadió mirando a su hermana con fingido odio.

- Pues... voy a llamarla —dijo Lorena encogiéndose de hombros, a modo de disculpa—. No sé qué querrá hacer...

- Yo os preparo los bocadillos —declaró Elena con determinación— y el arroz para mañana, que no pienso tirar el pescado, y así os lleváis un poco por la noche.

- ¡No! —negaron las dos chicas a la vez.

- No te preocupes mamá —dijo Vero con suavidad, sabiendo que su madre era capaz de ponerles una barra entera de pan a cada una— nosotras nos preparamos el bocadillo. Tú descansa un poco...

- ¿No queréis una tortillita o algo de eso? –objetó reticente–. A tu padre le han regalado un chorizo curado, con muy buena pinta, pero él no debería comerlo...

- ¡Venga mamá! –insistió Lorena en el mismo tono que su hermana–, deja que nos preparemos nosotras la comida, aún tenemos que ducharnos, y yo todavía he de hablar con Ester.

- Como queráis... –declinó Elena, un poco abatida.

Adelaida

Ya era prácticamente la hora de cerrar, y en el estanco no había ningún cliente, pero Adelaida permanecía inmóvil, casi atascada entre el mostrador y la estantería, junto al teléfono. Tenía la mirada perdida en un punto lejano, más allá del escaparate. Si alguien la hubiese estado observando, habría percibido el leve temblor de su labio inferior y su respiración acelerada. Lentamente llevó a su boca una botella de agua que bebió con ansia hasta acabarla. Llevaba ya unos días con mucha sed y orinando continuamente. Empezó a moverse como en estado de trance, deslizándose con dificultad por el angosto pasillo que quedaba detrás del mostrador, cogió un billete de la caja, las llaves del establecimiento y salió a la calle, cerrando con llave.

Cuando volvió al estanco llevaba en la mano una napolitana de crema y un merengue. Le encantaba el merengue. Hacía años que no se comía uno. Era como una pequeña tortura que se había autoimpuesto. Comía otras cosas que tampoco le permitían, pero el merengue no. De alguna manera le recordaba a su época de juventud, cuando ni sabía lo que era la diabetes. En realidad todo venía de cuando era pequeña y todavía vivía en el pueblo. Su madre hacía los mejores merengues que había probado nunca, pero sólo en ocasiones. Ocasiones felices. A su hermana y a ella sólo les dejaban comer uno. Claro que las cosas no estaban para muchos gastos. No pasaban necesidad, pero tampoco les sobraba. Después vino la época del embarazo de Jesús, se sentía feliz de nuevo. Entonces sí que comió merengues, ¡uf! Y el gusto que le dieron. Claro que engordó 25 quilos...

Ahora era Jesús el que esperaba un hijo. Y su mujer estaba de cinco meses ya. Eso le había dicho por teléfono. Él sonaba muy contento, pero ella se había sentido excluida. Era el segundo embarazo de Alba. El anterior lo habían perdido de dos meses. No lo esperaban, pero cuando lo perdieron decidieron tener otro, así que esta vez no habían dicho nada a nadie hasta que fuese evidente. A ella tampoco. A su propia madre. Seguro que la madre de Alba sí lo sabía. Eran muy jóvenes, Jesús sólo tenía 25 años. Veinticinco años ya. Ella tenía 19 cuando se quedó embarazada de él... Pues entonces, quizá no eran tan jóvenes.

Con cierto placer morboso se había comido primero la napolitana de crema, y estaba reservando el merengue para después. Quería saborearlo sin prisa. Antes de empezarlo rellenó la botella de plástico con agua del diminuto lavabo del fondo, y volvió a bebérsela casi de un trago. ¿Sería porque llevaba dos días sin ponerse la insulina?, pero no había podido ir a por las recetas. Sonia volvía a estar de exámenes. Y no quería pedirle tantos favores a Reme. La verdad es que le daba un poco igual la insulina. Le daba igual todo.

El domingo querían venir a comer a casa. Llevaba tanto tiempo culpando a Alba del distanciamiento de su hijo... y ahora iba a ser la madre de su nieto. De su nieta, porque además era un niña. Una niña por fin. Quizá había juzgado mal a la chica. Debía de haberlo pasado mal con el aborto. Que se lo digan a ella. Ella sabía bien lo que era perder a cuatro hijos. Formados ya que los perdía. La diabetes, siempre ahí, sin darle tregua ni descanso.

Con lentitud extrema lamió los restos de merengue, saboreando los últimos trocitos adheridos al papel. Seguía en un estado similar al trance. Otra vez las ganas de orinar. Se le había pasado con mucho la hora de cerrar. Reme estaría preocupada. Iba a ser abuela, y de una niña. Su niña. Ahora que se había abandonado por completo. Ahora que ya nada le importaba especialmente, llegaba la niña. La había deseado durante tantos años que ya había perdido la esperanza. Volvía a tener la boca muy seca, quiso levantarse para ir a beber, pero no tuvo fuerzas. Se sentía mareada y con náuseas. Recostó la cabeza en la pared y se quedó adormilada. La despertó una profunda arcada, pero no fue capaz de levantarse de la silla. Apoyando las manos en las rodillas inclinó la cabeza sobre su regazo y, cuando empezó a vomitar, fue consciente de que se había orinado.

Reme llevaba más de una hora esperando a Adelaida cuando decidió bajar a buscarla. Se puso la bata sobre el vestido, total, para subir y bajar era suficiente pensó. No quería parecer demasiado sobreprotectora, ya era mayorcita para que pareciese que quería controlarla. Podía haberla llamado por teléfono, pero sabía lo que le costaba llegar hasta el rincón del teléfono. Algunas veces Adelaida tardaba un poco en subir, cuando decidía hacer cuentas del estanco. En el ascensor empezó a darle forma a la excusa que le daría a su vecina para haberla bajado a buscar, aunque poca excusa podría encontrar si bajaba en batín. Las luces del estanco seguían encendidas, y la persiana subida. Miró a través del cristal de la puerta pero el pequeño establecimiento parecía vacío. La puerta de la trastienda estaba abierta. Entonces, a nivel del suelo lo vio. Sin duda era el pie de Adelaida, enfundado en las zapatillas negras de ir por casa, que calzaba habitualmente, con medias, negras también. Era inconfundible. Abrió la puerta con brusquedad, con el corazón en un puño. Afortunadamente no estaba cerrada con llave. Se precipitó hacia el interior del estanco.

Con la mano derecha tapándose la boca y la izquierda cerrándose el batín, Reme observaba al personal del ambulancia llevarse a su amiga. Sentía un frío intenso. Frío e impotencia. Le recordaba a las veces que se habían llevado a Manolo. Odiaba esas luces que alumbraban intermitentemente las caras de los inevitables curiosos, que entablaban efímeras amistades con la persona de al lado, elucubrando sobre el mal que acechaba al sujeto de la camilla. No le habían dejado subir a la ambulancia. Sólo familiares. Repasó mentalmente si tenía el teléfono de Jesús. ¿Qué le iba a decir?

Magda

Magda caminaba a paso ligero, de vuelta a casa desde la consulta del médico. El trayecto le llevaba casi media hora, pero lo prefería a coger el coche. Detestaba buscar sitio para aparcar. Además no le importaba caminar. El problema es que se le hacía siempre un poco tarde, intentaba coger cita a última hora del día, para no tener que faltar en la farmacia.

Cuando ella no estaba, iba su madre a sustituirla. Lo sentía por ella. Prefería pedírselo lo menos posible. La artritis reumatoide la había dejado muy limitada, por eso decidió jubilarse anticipadamente y la dejó a ella sola al frente del negocio. Aunque su madre nunca se quejaba, Magda sabía lo que le costaba atender en la farmacia. Pensaba muchas veces en contratar a otra persona, ahora Fernando ganaba más dinero, aunque en la farmacia era al revés. Ese era principalmente el motivo por el que se resistía. De todos modos, Nina y ella se apañaban bien, sólo hacía falta otra persona en contadas ocasiones. De momento esperaría.

No obstante, se sentía contenta. Feliz incluso. A Fernando le iba bien en el trabajo, estaba hecho para ese puesto. Aunque lo veía más cansado. Las niñas estaban fenomenal y les iba muy bien en el colegio, sólo sentía no poder pasar más tiempo con ellas durante la semana. Estaba por las mañanas en casa, las acompañaba al autobús y también las veía por la noche. Aún así, seguía dándole vueltas a que no se quedasen a comer en el colegio. De esta forma podría estar más tiempo con ellas, pero eso significaría dos viajes más en autobús y la imposibilidad de estudiar inglés a mediodía. Además... le dejaría sin el tiempo que ahora tenía para ella.

Ese pensamiento le provocó un fuerte sentimiento de culpabilidad, incluso, inconscientemente, se llevó la palma de la mano derecha al cuello y respiró hondo. Mentalmente intentó justificarse. Al fin y al cabo siempre hacía tareas de casa... pero también le permitía hacer ejercicio, y ahora no quería renunciar a ello. El médico había sido muy insistente con el papel del ejercicio en el mantenimiento de la pérdida de peso a largo plazo. Y desde luego ella no quería dejárselo. Se sentía más vital y energizada.

En tres meses había perdido seis quilos y estaba encantada con su ritmo de comidas. Todos los días se preparaba algo de comer para ella sola, cosa que no recordaba haber hecho nunca. Bueno sí, en los embarazos. Y aprovechaba para dejar algo casi preparado para la cena. Hasta se llevaba la merienda a la farmacia. Incluso había salido con Fernando algún sábado a cenar y se había permitido un postre. También había cambiado su forma de comprar. Recordaba con terror los últimos años, en que se había obsesionado con su peso. Había sentido que "siempre estaba a dieta", cuando en realidad lo único que hacía era subir y bajar de peso intermitentemente, pero cada año sumaba algún quilo al del año anterior.

Estaba tan entusiasmada, que todavía quería bajar algo más. Aunque el médico no se había mostrado muy partidario. Decía que ya había perdido casi el diez por ciento del peso inicial, y que prácticamente estaba dentro de lo que se podía considerar como normal para su talla. Insistía en que era mejor consolidar el cambio de hábitos, con el objetivo de mantener la pérdida, más que en querer adelgazar más. Pero ella estaba ilusionada con conseguir llegar al peso que tenía antes de quedarse embarazada. El médico le repitió varias veces que no fuese más estricta con la dieta y el ejercicio de lo que fuese capaz de mantener en el tiempo, si no, volvería a recuperar peso a largo plazo.

Este comentario le hizo reflexionar sobre su actitud últimamente con el ejercicio. Se sentía a gusto hasta los cuarenta y cinco minutos, no obstante había intentado llegar a una hora, con el objetivo de perder más. Pero notaba que esos quince minutos le sobraban. El último cuarto de hora ya no le sentaba tan bien, y además se le hacía un poco tarde para todas las cosas que quería hacer antes de volver a la farmacia. Él le aconsejó que no lo hiciera, si insistía en hacer algo adicional que le resultaba incómodo, llegaría el momento en que encontraría la excusa para dejar de hacerlo del todo.

Quizá tenía razón, ¡pero se sentía tan animada! Aunque igual dentro de un año la euforia que sentía ahora ya se la había pasado, y por tener un objetivo demasiado ambicioso, dejaba de hacer ejercicio... y volvía a estar como antes. ¡Qué horror! No quería ni pensarlo. Decidió que le haría caso. Sorprendida, se dio cuenta de que estaba en el portal de su casa, se le había pasado el trayecto en un suspiro.

Álvaro

- Inés, ¡qué alegría! –saludó Sandra, su prima.

- Hola Sandra –respondió ella dándole dos besos–. Siempre acabamos viéndonos en estas cosas.

- ¡Tú verás! –le reprendió la otra con afecto–. Cuando que te llamo para salir un domingo, me dices que no.

- Ya –respondió Inés con expresión de fastidio–, pero es que últimamente Vicente siempre está de viaje los fines de semana, como no quiere decir que no a ningún trabajo...

- No, claro –aceptó comprensiva–, pero te puedes venir tú con los niños, el otro día íbamos tres coches y había sitio de sobra.

- Pues ya veremos a la próxima... –comentó sin querer comprometerse– ¿Y tu hijo por dónde anda?

- Con el tuyo. Lo hemos visto nada más entrar y se ha ido con él. Por cierto, está más estirado, ¿no? –preguntó con asombro.

- Sí –dijo ella con orgullo–, ha perdido dos quilos en tres meses. A este paso, le voy a tener que comprar ropa otra vez.

- Pues fenomenal –dijo con alegría–, ya me gustaría a mi conseguir que el mío ganase un par de quilos, que cada día está más escuálido. ¡Míralos! –dijo señalando uno de los laberintos cerca del techo– ahí están los dos.

Inés observó a los dos niños. Realmente el hijo de su prima era la mitad que el suyo, aunque tenían la misma edad. Siempre había sido un poco enfermizo, y palidito que estaba siempre.

- ¿Vamos con el resto de madres? –preguntó Sandra empezando a caminar hacia la cafetería.

- Si no hay más remedio... –aceptó con aburrimiento anticipado.

Le desagradaban aquellas fiestas de cumpleaños, en esos sitios cerrados, donde los niños correteaban y nadaban en piscinas de bolas de colores. Pero lo que más detestaba era la cháchara con las otras madres. Y algún padre también, que siempre había alguno de esos, al que le gustaba ese tipo de conversaciones. Ya se sabía de memoria todas las virtudes de los otros niños y los detalles, reales o ficticios, de todos los partos y cesáreas. Aunque cada año alguien recordaba una anécdota nueva, que había olvidado contar en la última ocasión.

Como sabía que estaría Sandra, había pensado en dejar sólo a Álvaro, pero decidió que sería mejor quedarse para vigilarlo un poco con la merienda, por eso había llegado deliberadamente tarde. Y había acertado, porque el resto de madres ya salían de la cafetería, señal de que los niños iban a merendar en breve.

La mesa de los pequeños ya estaba preparada. Cada uno tenía una bandeja con un panecillo de jamón y queso, y un triángulo de sándwich con crema de cacao, el preferido de Álvaro. Además, habían distribuido platos de plástico con ganchitos y patatas fritas. Al igual que otras madres, empezó a servir bebida a los niños.

- Te pongo un vaso de refresco —dijo Inés a su hijo en voz baja—, si tienes más sed, te pongo agua, ¿vale?

- Vale —respondió Álvaro conformado.

Se quedó de pie al lado de su prima, participando distraídamente en una conversación intrascendente. Su hijo estaba dando buena cuenta de su merienda. Le haría algo ligerito para cenar, para compensar... En cambio otros niños parecían más interesados en lanzarse ganchitos entre ellos y la mayoría de los bocadillos quedaban en el plato apenas mordisqueados. Álvaro resistió la tentación de repetir sándwich, como había hecho en otras ocasiones, sin aparente esfuerzo. Inés se sentía satisfecha. Cuando sirvieron la tarta, algunos de los chicos volvieron a la zona de juegos sin tocarla. Álvaro se comió la mitad de su ración y miró disimuladamente a su madre que, discretamente, asintió. Después se levantó y se fue a jugar con sus amigos.

- ¡Caramba! —le dijo a Inés la madre de Pedro, con claro tono irónico—, tu hijo está desconocido con la comida.

- Por supuesto, es que está muy bien educado —respondió ella con aparente afabilidad—, en cambio, el tuyo ha tirado más comida al suelo de lo que se ha comido.

- ¡Capulla! —exclamó Sandra con desdén, cuando la madre de Pedro se alejó ofendida.

5 | Consolidando objetivos

Juan

- Bueno Juan, ha perdido usted 13 quilos, ya no tiene una obesidad mórbida, aunque sigue teniendo un índice de masa corporal de 38'5, ¿cómo se encuentra? –le preguntó el médico.

- La verdad es que muy bien, hace ya poco más de tres meses del accidente y me encuentro mejor que nunca. Me siento como si me hubiese quitado diez años de encima.

- Sí, es cierto, pero en realidad son quilos lo que se ha quitado. ¿Qué tal duerme?

- Bien, pero vuelvo a sentir molestias con la presión de la mascarilla.

- Ya sabe que la presión deberá ajustarse a medida que pierda peso. Los profesionales de la Unidad del Sueño ya se encargan de esto. Probablemente en un tiempo haya que repetirle la polisomnografía durante la noche, para ver si necesita mantener la mascarilla. Todo depende de la pérdida de peso que consigamos. Pero dígame, ¿cómo se siente usted?, ¿cree de verdad que ha sido capaz de cambiar su estilo de vida?

- Yo creo que sí, ya estoy haciendo 30 minutos diarios de bicicleta...

- ¿Todos los días?.

- Bueno, de 5 a 6 días por semana.

- Vale –respondió escuetamente el doctor, tomando nota de lo que le decía Juan.

- Y con respecto a la alimentación, he seguido sus consejos en la medida de lo posible...

- ¿Pasa hambre? –interrogó de nuevo el médico, mirándole a los ojos.

- No, no es hambre... –respondió, desviando la mirada.

- El problema es que le gustaría poder comer otras cosas.

- Hombre sí, hay cosas que echo de menos, sí –reconoció él, enfrentándose de nuevo a la mirada del médico.

- Ya sabe que lo más importante es que pueda usted mantener las medidas que ha introducido de forma permanente. Si no es así volverá a recuperar peso.

- Sí, lo sé –aceptó Juan, empezando a convencerse él también.

- Eso no quiere decir que en la fase de mantenimiento pueda usted empezar a comer aquello que desee, siempre esporádicamente y con moderación –siguió explicando–. Y preferiblemente debe evitar los dulces, no sólo por el peso, por la diabetes también.

- De acuerdo –asintió resignado.

- En lo que más le voy a insistir es en el ejercicio –advirtió el médico– Debe usted realizar una actividad aeróbica, de intensidad moderada, como lo que hace ahora, pero es fundamental que progresivamente aumente el tiempo. Con prudencia ¿eh?

- Ya, ya me lo dijo al principio.

- Es lo que más beneficio le va a dar a largo plazo sobre el perímetro de cintura –continuó, prácticamente en un monólogo–, será fundamental en el mantenimiento de la pérdida de peso.

- ¿Y con respecto al medicamento para la diabetes, doctor? –intervino Adela.

- La diabetes ahora tiene un control excelente, pero aunque mantenga la pérdida de peso, a largo plazo puede volver a empeorar, de manera que el tratamiento lo mantendremos de forma indefinida –explicó–. Probablemente con el tiempo haya que añadir otros fármacos.

- ¿Y el de la tensión? –insistió ella.

- Ya le reduje la dosis hace un mes –contestó el médico–. Los controles que ustedes me traen anotados son bastante buenos, pero aún sigue teniendo la mínima un poco alta. De momento seguiremos igual.

- Estás serio –afirmó Adela mientras Juan conducía.

- No, ¡que va! – espondió él con una sonrisa forzada.

- La consulta ha ido muy bien, ¿qué te pasa entonces?

- No lo sé –respondió indeciso–, me encuentro mucho mejor, estoy animado, me siento con fuerza y con ganas de seguir. Es increíble lo que esas apneas del sueño estaban haciendo conmigo...

- ¿Pero? –le invitó a seguir ella.

- Tengo miedo –respondió, con la mirada fija en la calzada.

- Miedo, ¿de qué? –preguntó desconcertada, mirándolo con atención.

- De no ser capaz de seguir como hasta ahora –respondió el hombre, pasados unos instantes–, de volver a lo que hacía antes. De volver a estar mal.

- Pero, ¿por qué?, tampoco parece haberte costado tanto esfuerzo llegar hasta aquí –dijo Adela algo aliviada–. No digo que no te esfuerces, sino que lo que te recomendó el médico no es algo excesivamente estricto, habéis pactado algunas cosas, te deja beber medio vaso de vino en la comida, ya sé que no te gusta hacer deporte...

- No si lo de la bici me empieza a gustar –comentó él levantando los hombros–, no es que me guste, es aburrido, pero el día que no lo hago... lo echo de menos. Me siento mejor, subo las escaleras de la oficina sin pararme y ya no me supone un esfuerzo mantenerme 30 minutos en la bici. Sé que me va bien. En realidad soy consciente del beneficio que me aporta, y por lo tanto no lo pienso dejar.

- Entonces, ¿qué es lo que me quieres decir? –preguntó intrigada.

- El miércoles me encontré con Isidro.

- ¿Isidro? –preguntó extrañada Adela.

- ¡Sí hombre!, el del club gastronómico.

- Vaya, ¡menudo personaje! –exclamó ella con ironía.

- ¡Es buen tipo! –le defendió Juan.

- ¡Seguro!, si tú lo dices –exclamó Adela en el mismo tono.

- No sé por qué te cae tan mal...

- Bueno, déjalo –dijo su mujer, cortante–, y ¿qué pasa con que te encontrases con Isidro?

- Empezó a decirme que por qué no voy los domingos, que Miguel también es diabético y nunca ha dejado de ir, que tal y cual, ya sabes...

- No, no sé, pero espero que tú me lo digas —añadió ella, empezando a enfadarse— ¿Quieres decir que quieres volver a ir?

El tono de Adela se había agriado. Juan se mantuvo en silencio hasta que aparcó en el garaje de su casa. En vez de abrir la puerta del coche, se giró hacia Adela y empezó a hablar con un tono de voz muy bajo:

- Mira... —comenzó vacilante—, yo echo de menos el ambiente de los domingos, me gustaba reunirme allí, ya lo sabes. Pero es algo más..

- Pero ... —quiso decir Adela.

- Espera, no me interrumpas —dijo al tiempo que acercaba la mano a sus labios—. Es que necesito volver, no quiero vivir con el temor de que no soy capaz de mantener el control. Necesito saber que puedo conservar mis relaciones sociales y a la vez perseverar en los hábitos que me permiten mejorar mi salud.

- Eso que dices es arriesgado —dijo Adela recostándose sobre el respaldo, fijando la mirada en el salpicadero del coche.

- Pues creo que debo correr el riesgo —continuó Juan, envalentonado por el cambio de tono que había percibido en Adela—, y espero que confíes en mi. ¿Recuerdas el día que casi tuvimos un accidente con una moto, hace dos meses?

- Sí, claro – respondió, girando la cabeza hacia su marido.

- Aquel día me juré que no volvería a estar como antes, y te aseguro que me mantendré firme.

- Está bien —aceptó Adela, acariciándole la mejilla con la palma de la mano— confío en ti. Supongo que tienes razón.

Laura

- ¿Qué tal Laura? ¿cómo te encuentras? –le preguntó el médico.

- Muy bien –respondió– empiezo a encontrarme francamente bien.

- ¿Has traído la medicación que tomas ahora?

- Sí, de esta sólo tomo una pastilla –respondió Laura enseñándole la caja.

- ¿Y la mantendrás? –interrogó mientras escribía.

- Sí, me dijo que esta era a largo plazo.

- Muy bien, ¿y ésta? – preguntó, señalando con el bolígrafo la otra caja.

- De ésta ya sólo tomo una por la mañana y otra por la noche. La mantendremos un tiempo más.

- Perfecto. ¿Cómo te encuentras anímicamente?

- Mucho mejor –respondió Laura relajándose en el asiento–. Todavía tengo muchos aspectos que trabajar, pero me siento fuerte.

- ¿Qué tal va tu relación con la comida? –preguntó el doctor sujetándose la barbilla entre el índice y el pulgar.

- Supongo.. –empezó a decir, confusa– supongo que siempre me quedará una relación de "amor-odio" con la comida, pero me he adaptado bien a respetar los horarios, cocino cada día, compro lo que me conviene...

- Te veo muy bien –asintió él–. Has perdido ya 12 quilos en estos 6 meses. Enhorabuena. En el análisis de control está todo perfecto.

- Ya... –acertó a decir Laura mirándose las rodillas.

- Te parece poco...

- Sí... –dijo ella, cerrando momentáneamente los ojos–. Desearía haber perdido más.

- Ten en cuenta que lo único que has hecho hasta ahora es evitar los atracones y reorganizar tus comidas –empezó a razonar el médico–. Es lo que debías hacer. Sigues teniendo un índice de masa corporal de 30, pero eso no es lo más importante. Lo importante es haber salido del pozo en el que estabas.

- Sí, creo que tiene razón – asintió.

- A partir de ahora, que te veo emocionalmente estable, podemos empezar a trabajar las calorías. Lo primero que tienes que decidir es qué tipo de ejercicio físico vas a hacer. Debe ser una actividad aeróbica, y debería ser frecuente. Prácticamente diaria.

- Nunca se me han dado bien los deportes.

- Pero es fundamental –afirmó el doctor con un leve movimiento de la cabeza– y forma parte del tratamiento. No te estoy pidiendo que empieces a jugar al baloncesto, si no te gusta. Lo que te pido es que comiences a realizar un ejercicio físico regular: nadar, correr, bicicleta, elíptica … Lo que tú seas capaz de mantener en el tiempo.

- ¿Y tengo que ir a un gimnasio? –preguntó Laura con recelo.

- No necesariamente. Puedes hacer la actividad en casa, o salir a la calle a correr. Eso es algo que debes decidir tú. Insisto, algo que seas capaz de mantener. Si no te ves en disposición de ir al gimnasio y no quieres empezar a correr por la calle, deberías plantearte comprar un aparato y tenerlo en casa.

- No sé, lo pensaré –dijo dubitativa.

- Laura, lo que tienes que pensar es que esto todavía no se ha terminado. Estás saliendo del túnel, pero necesitas consolidar los cambios en tu estilo de vida y que estos sean permanentes. En tu caso los cambio debían ser graduales y secuenciales. Ahora estás en el momento adecuado para iniciar una actividad física. Restringir más las calorías de la comida, si es necesario, será lo último, cuando ya controles otros aspectos de tu vida.

- Eso es justo lo contrario de lo que esperaba al venir aquí por primera vez –afirmó Laura.

- Pues no te ha ido tan mal "haciéndolo al revés" – respondió el otro irónicamente.

Es pedante. Pero confío en él. Me siento aliviada. Descansada. Aún no me acabo de acostumbrar al turno de noche, pero descanso bien. Merche está con ciática. No es que me alegre, lo siento mucho por ella, pero eso me permite hacer parte de su trabajo. Quiero cuidarla. Ahora me toca a mí. Ella ha cuidado de mí estos meses y se lo puedo devolver. Estoy pensando en estudiar enfermería. Si me organizo bien puedo ir a clase por las tardes. Creo que puedo hacerlo. Ahora sé que puedo hacerlo. Todos podemos, ¿no?. ¿No se trata de eso la terapia a la que asisto? Pues voy a ser enfermera. Seré más de 10 años mayor que el resto de alumnos. No me importa. Después de todo, eso es lo de menos. He aprendido a relativizar. ¿Estaré madurando?

He vuelto a encontrarme con Marga y Alicia. Cómo hemos cambiado desde el instituto. Alicia se ha casado y está embarazada. Se la ve feliz. Me dio un poco de envidia. Me alegro por ella. Es buena persona. Marga sigue tan dominante como siempre. No sé cómo Alicia la aguanta. No sé cómo la aguantaba yo. Me dio pena que nos hubiésemos distanciado. Lo pasé bien en aquella época. Qué lejano me parece todo. Marga no me ha dicho nada de mi aspecto. Eso es buena señal. Siempre se burlaba de mí porque mis vestidos le quedaban grandes. Tenía un tipo envidiable. Ahora ha engordado. Y lleva el pelo corto. Me sentí atractiva a su lado. ¡Quién me lo iba a decir!.

Mamá está como la seda. Nos tratamos como dos mujeres adultas. Aunque sigue siendo mi madre. El mes pasado me acompañó al psicólogo. Pobre hombre. Estuvimos toda la hora llorando. Salieron muchas cosas feas allí. Pero las vamos encajando. No la quiero ni más ni menos que antes. Pero ahora la acepto como es. Y ella a mí. Creo que eso es bueno. Algo decepcionante, pero ya no nos hacemos sufrir. Desearía tenerle un amor más incondicional y que ella me lo tuviese a mí. Pero ya no es posible. Tendré que hacerme a la idea. Sólo puedo proponerme que, si tengo hijos, mi relación con ellos sea diferente. Me da miedo. A lo mejor no soy capaz. A lo mejor soy como ella y les hago daño. Yo por lo menos empiezo a conocerme y a saber hasta dónde puedo llegar. El tiempo lo dirá.

Me he encontrado con Daniel dos veces. Sigue encantador. Ya no se me caen las cosas. Me sonrojo, eso sí. Y me dan palpitaciones. Pero puedo controlarme. En el parque habló conmigo un rato, mientras columpiaba a su hija. Me he cambiado el peinado y él se dio cuenta. ¿Será una señal?. No me reconozco. Es increíble cómo me estoy transformando. A este paso le pediré una cita. Puedo invitarle a cenar. No. Ni loca. Seguro que huye despavorido. Y yo caigo fulminada acto seguido. Y me ingresan en mi hospital. Y todo el mundo se entera de la causa de mi colapso. Y todos se ríen contándolo en la cafetería. ¡Basta! Ya he entrado en la espiral de pensamiento desastroso. Me voy a dormir.

He comprado una elíptica. Valen un dineral. Espero amortizarla bien. Le he hecho un hueco en la habitación del fondo. El problema es que el armario tiene un espejo. Y me voy a ver allí reflejada. Sudando como un pollo. Jadeando como una cafetera. Qué imagen más patética. Con mis mallas. No me presentaría así en el gimnasio ni aunque me pagasen. De mañana no pasa. Mañana empiezo. Sin falta.

Berta

- El puente nos vamos a Palma de Mallorca –dijo Julián dejando los billetes de avión encima de la mesa.

- ¿Y eso? –replicó Berta incorporándose en la butaca.

- ¿No decías siempre que te gustaría conocer las islas? –interrogó él felizmente– ¡Pues nos vamos!

- Julián, hubiese querido ir hace 20 años –respondió, recuperando la compostura–. Además, en esta época en Palma sólo debe estar la tercera edad.

- ¿Y tú y yo qué somos? ¿adolescentes? –preguntó divertido.

- Tú sí que eres de la tercera edad, que ya vas para 66. Yo todavía no.

- Claro, ¿qué pensarán en el hotel cuando me vean entrar con una jovencita? – se mofó Julián.

- No sé Julián... –titubeó Berta haciendo caso omiso a la broma–. ¿Y el régimen?

- ¿Qué régimen? –terció él, poniéndose serio–, si tú no estás a régimen.

- ¿No? ¿y qué es lo que llevo haciendo desde hace 6 meses?

- Pues cambiar de hábitos. Ya lo sabes. Por eso has perdido ya algo más de 10 quilos. Y el análisis está perfecto... y la ecografía mejor.

- Pero en el hotel no podré comer como en casa –se lamentó ella, intentando ocultar su ilusión por el viaje.

- Afortunadamente. Así cambiamos un poco.

- ¿Es que ahora no te gusta cómo cocino? –contestó Berta estirando el cuello.

- Claro que sí –dijo el hombre, sentándose a su lado–. Lo que pasa es que tienes miedo. Miedo de volver con cuatro quilos de más. Y eso no va a suceder.

- Si tú lo dices... –repuso Berta volviendo a su estado de ánimo de siempre.

- ¡Venga! —exclamó él, intentando animarla—. Tú ya sabes perfectamente lo que te conviene comer. Y yo estaré allí para ayudarte.

- Pero es tan triste ver toda la comida y no poder probarla —murmuró su mujer mirando por la ventana.

- No te pongas dramática —dijo Julián extendiendo los brazos—, en estos meses has hecho algunos extras, en la comunión de tu nieto, en mi santo, y en alguna comida familiar. Pero sin abusar, con moderación. Y esporádicamente. Pues en el viaje, lo mismo.

- Tú lo ves muy fácil... —suspiró ella, sin apartar la mirada de la calle.

- Pero ¿por qué tiene que ser la comida lo más importante del viaje? —preguntó Julián contrariado, poniéndose de nuevo de pie— ¿No te basta mi compañía?, ¿y el sol?, ¿y la playa?, ¿y conocer sitios nuevos?, ¿y aprovechar el tiempo que nos quede sin amargarnos?

- Ahora eres tú el que se pone dramático —replicó, volviendo bruscamente la mirada hacia su marido—. ¡Podías habérmelo consultado antes!. De repente llegas aquí con los billetes en la mano. ¿Qué esperas? ¿Qué me ponga a dar saltos?

- Pues sí, que te alegres —contestó él, enfundándose las manos en los bolsillos—, que lo disfrutemos juntos.

- No es mi carácter. Lo sabes —dijo Berta, volviendo a mirar por la ventana.

- ¡Vamos!, lo pasaremos bien —Julián bajó el tono de voz, decidió cambiar de táctica. Sabía que su mujer estaba a punto de claudicar—. Hace mucho que no bailamos. Y te obligaré a pasear horas y horas.

- ¿Bailar? —preguntó Berta, sonriendo por primera vez—. Estás senil Julián. ¿Cómo voy a bailar con estas piernas?

- Pero si estás mucho mejor. El otro día caminaste hasta casa de Humberto sin quejarte. ¿A que no lo hubieses creído hace seis meses?

- No, la verdad es que no —reconoció— Pero bailar...

- Si lo de bailar es lo de menos —aceptó él, agitando con la mano los billetes—. Metes todos los analgésicos en la maleta y nos vamos.

- Si eso es lo que quieres...

Julián estaba encantado. Estaba seguro de que a Berta le hacía ilusión irse de viaje, pero le costaba reconocerlo. Aún así había mejorado mucho. Si un año antes le hubiese hecho la misma proposición, la habría rechazado de plano. Seguro que hubiese tenido que devolver los billetes. Empezaba a disfrutar de la jubilación. Después de estar toda la vida trabajando de sol a sol, reconoció, con cierta sensación de culpa, que temía tener tanto tiempo libre para estar en casa los dos solos.

Suspiró aliviado, y se dirigió a la agencia a comprar los billetes de verdad. Se había marcado un farol y le había salido bien.

Jaime

Desde su asiento, Teresa observaba su entorno como si nada de lo que ocurriera a su alrededor fuese con ella. De hecho, era un poco cierto. Desde hacía una hora que habían acabado de comer, nadie le había dirigido la palabra. Aunque también era cierto que ella no había hecho mucho esfuerzo por interaccionar con nadie. Se había quedado en su silla mientras la mayoría se dirigían a la barra libre.

No había mostrado mucho entusiasmo por acudir a aquella celebración, pero sabía que para Jaime era importante. Era el bautizo del tercer hijo de uno de sus amigos y estaban todos allí. Eso incluía a las amigas consorte, algunas de las cuales estaban sentadas en corro a escasos metros de ella. Aunque las conocía desde hacía dos años, cada vez que las veía le parecían unas extrañas.

Al llegar, había saludado a la, por tercera vez, madre, con cierto deje de envidia. Claro que se alegraba por ellos, eran buena gente. Pero acababa de cumplir treinta y seis años, y su reloj biológico pitaba interiormente, cada vez con mayor intensidad. Cuando conoció a Jaime se ilusionó con la idea de ser madre en un corto espacio de tiempo, sin precipitarse tampoco. Pero a medida que pasaba el tiempo, había ido desechando la idea. No por falta de ganas, sino por el convencimiento de que él no tenía ningún interés, aunque era un poco mayor que ella. O quizá era precisamente por eso.

Además, en los últimos meses, se había sumado una sensación de cierta inestabilidad emocional. Con frecuencia se descubría a sí misma observando a Jaime, sin poder recordar lo que al principio le había atraído de él. Desde que se había enterado de sus problemas de salud, había hecho todo lo posible para que mejorara. Al principio con las comidas, y luego con los medicamentos. Inicialmente, había perdido algo de peso. Pero no había durado mucho el cambio. Progresivamente había vuelto a sus costumbres, a lo que ella se había opuesto con tesón. Hasta que fue consciente de que el problema parecía importarle más a ella que a él. Abandonar la resistencia supuso una mejora en el carácter de Jaime, pero dejó una huella en Teresa, de la que no se podía deshacer.

Lo distinguió a lo lejos, cerca de la barra. Probablemente a estas horas ya habría perdido la cuenta de lo que había bebido. Pero lo cierto es que se le veía animado. Seguramente estaba disfrutando, como ya sabía por ocasiones previas similares. Suponía que un día puntual no era demasiado importante en el cambio de hábitos. El problema era que eso es lo que a él le gustaba hacer habitualmente y no tenía muy claro cómo encajaba ella en ese ritmo de vida. Se preguntó cuánto tiempo tardaría en darse cuenta de su ausencia, si ella se fuera en ese momento.

De manera mecánica, se acercó la copa de agua a la boca para darle un sorbo. Se percató con sorpresa de que una lágrima le rodaba por la barbilla. Se levantó con discreción, aterrada de llamar la atención del grupo cercano, cogió sus cosas y dando un rodeo se dirigió a la puerta del bonito jardín en el que estaban. Afortunadamente, tenía el coche aparcado cerca.

Leo

- ¿Mamá, pongo cuchara? –preguntó Leo a su madre mientras sacaba los cubiertos para preparar la mesa.

- Sí, te he hecho la crema de verduras que te gusta –respondió su madre–. Hija, ¿ese vestido es nuevo?, te queda muy bien.

- No, es de hace dos años, pero me lo puse poco. Me quedaba muy ceñido. ¿Has sacado las servilletas?

- Sí, están en la mesa. Estás muy guapa. Te queda bien, como estás más estilizada –a Leo no le pasó inadvertido que su madre había utilizado la palabra "estilizada" en vez de "delgada" –. Toma tu plato, cuidado que quema.

- Mamá, ya sé que no he perdido mucho, pero son tres quilos en tres meses, en dos meses en realidad –matizó algo molesta–, menos da una piedra.

- Saca el agua. Y coge lo que quieras para beber. Hija, no te molestes. Te lo he dicho sinceramente. Saca la sal –dijo su madre tendiéndole el salero–. Se te nota más delgada, has perdido, no sé cómo lo diría... has perdido volumen, supongo.

- Ya. Pero es muy poco peso –aceptó ella, sentándose a la mesa.

- Pero hija, en realidad has empezado a cambiar hace poco –dijo su madre al tiempo que servía el agua–. Al menos en mi casa...

- Es que en tu casa es donde mejor hago las cosas. Fuera de aquí ya es otra historia –dijo Leo probando la comida–. Mamá te ha salido increíble la crema.

- ¡Pues es bien fácil! –exclamó la mujer–. Sólo las verduras, sin patata y un poquito de aceite de oliva. Sin queso ni leche, ni nada. Te llevas lo que ha sobrado.

- ¡Cómo voy a ir al trabajo con la crema de verduras! Además luego me voy al gimnasio.

- ¿Qué tal te va con el ejercicio? –preguntó su madre dándole el plato de arroz.

- ¿Es a la milanesa?

- Sí, como te gusta, pero con poco sofrito.

- Está muy bueno mamá —comentó Leo con la boca llena.

- Gracias —respondió la madre orgullosa. Se consideraba una excelente cocinera y le gustaba que se lo dijeran.

- El gimnasio... me va bien, me estoy empezando a enganchar —murmuró, con poco convencimiento—. Ya me lo dijeron, pero no me lo creí.

- ¡Me alegro! —exclamó la otra contenta—. Seguro que te irá bien.

- El mes pasado pude ir poco —dijo Leo, haciendo una pausa para beber—, tuve un montón de trabajo. Pero ahora podré ir regularmente.

- ¿A final haces eso de la bici? —le preguntó.

- Sí mamá. Se llama spinnning. ¡Y es agotador!

- ¿Quieres más arroz? —le ofreció con prudencia.

- No, gracias. Estoy bien —respondió Leo, aunque estaba tentada de repetir—, me has puesto un plato de crema para ir después a cavar.

- ¡No exageres! —exclamó la mujer riendo—. Eso no puede hacerte daño.

- La verdad mamá, es que me encuentro mejor. Ya no me duelen las piernas —comentó Leo levantándose de la mesa—. ¡Deja! Yo recojo. Tú siéntate a ver tu serie.

- ¡Ah! Es un rollo, da igual —dijo su madre, recogiendo también los platos.

- No digas mentiras, que te encanta —insistió la hija— ¿quieres fruta?

- Una manzana, son excelentes. Prueba una y...

- ¡Vale!, te creo —dijo Leo secamente—. Yo las saco.

- Como quieras...

- Como te decía, creo que me está sentando bien eso de hacer ejercicio —continuó Leo, volviendo de la cocina con las manzanas, platos y cuchillos—, pero debería ir con más frecuencia.

- Ve poco a poco hija —aconsejó—. No te has puesto así en dos días, y no lo arreglarás en dos días tampoco. Ten paciencia.

- No, si yo no tengo prisa —respondió, sin saber si era cierto lo que decía—. Me ha costado ponerme en marcha, pero empiezo a adaptarme bien. En realidad hasta estoy animada.

- Lo sé, yo te veo mejor —dijo su madre mirando a Leo con cariño—. Y me alivia que hayas recapacitado. Sé que todo te va a ir bien —la animó, tomándola de la mano—. Sobre todo, sé constante.

- Es la primera vez que me pongo a dieta y que pienso que esto va a durar...

- Es que no estás "a dieta" Leo —puntualizó su madre con dulzura—. ¡Si ni siquiera me has hecho la copia del papel! Yo te hago lo que me has dicho que te aconsejó el médico. Lo que has hecho es empezar a cambiar, a cambiar lo que escoges comer y la cantidad, y a evitar aquello que no debes.

- Que es lo que más me gusta... —musitó con la mirada en un punto lejano.

- Bueno, también comes de eso, pero muy de vez en cuando. Como debe ser, digo yo.

- Supongo que tienes razón —reflexionó ella en voz alta—. Me veo capaz de seguir así, incluso de mejorarlo. Pero tengo miedo de que no sirva para mucho.

- ¡Seguro que sí! —exclamó la mujer para darle ánimos—. ¿No lo estás viendo? Lo que pasa es que vas más despacio que otras veces, con esas dietas de locura que te sacabas de no sé dónde. Y ahora tienes claro que no quieres quedarte como una modelo de pasarela.

- ¡Mamá, no seas injusta! —protestó molesta—. Eso no te lo digo yo desde que era una adolescente. Aprendí a aceptarme y a vivir sin complejos. Y me ha ido bien. En esto me embarcasteis Mª Jesús y tú, con la historia de papá y la diabetes, y de que me quedaré ciega mañana, o transplantada de riñón —añadió airada.

- No te enfades conmigo hija. Cuando seas madre lo entenderás. Yo sólo quiero tu bien —murmuró dolida, acabando de recoger la mesa—. Pero tú decides, yo no puedo hacer más que apoyarte y cocinar lo que me pidas. Como en un hotel, a la carta.

- Espera mamá —exclamó la otra levantándose de la silla, sabía que la injusta había sido ella—. Te agradezco mucho lo que estás haciendo, de verdad –Leo se abrazó a su madre–, pero es que había dejado atrás todo esto de la gordura y adelgazar... y ahora vuelve.

- Hija, nunca se fue. Sólo dejó de importarte –añadió la madre mirando directamente a sus ojos lacrimosos–, o así quisiste creerlo. Y me alegré por ti. Pero una cosa es aceptarse y otra caer en la inconsciencia.

- Estoy tan harta mamá, de ser la gorda, en el colegio, en el instituto... Y encima mi hermana es como tú, delgada. ¡Es tan injusto! –se volvió a sentar en la silla–. Estos últimos años han sido los mejores de mi vida. Tengo mi carrera, mi trabajo, soy autosuficiente y vivo como quiero. Había llegado a estar tan segura de mí misma, y ahora... volver a empezar.

- Pero esta vez no será así –la mujer se sentó también, a su lado–. Creo que en esta ocasión has tomado el camino acertado. Estás madurando cariño. Llegarás hasta donde quieras, yo creo en ti.

- Te estás perdiendo tu serie mamá –comentó Leo limpiándose los ojos con la servilleta.

- Te he de confesar... ¡que la estoy grabando! –admitió su madre empezando a reír–. Lo sé, ¡es horrible!, pero me encanta. Por la noche vuelvo a ver cada capítulo, ¿te lo puedes creer?

- ¡Te quiero mamá! –respondió Leo, abrazándola entre sollozos de risa y llanto.

Germán

- Hoy me pienso pedir un solomillo con patatas –afirmó Germán.

- Me parece muy bien –respondió Eva– yo pediré pescado, me encanta la salsa verde que hacen aquí.

Germán había insistido en que salieran aquel sábado a cenar. Hicieron malabares para conseguir una canguro, porque no querían molestar de noche a la madre de Eva. Era un restaurante discreto, pequeño y con poca luz. A ella le resultaban muy románticas las velas que iluminaban cada mesa. Hacía mucho tiempo que no iban allí.

- Y voy a pedir una botella de vino –continuó el hombre–. Para los dos, o sea que hoy te toca beber conmigo, para eso hemos venido en taxi.

- Vale –miró a su marido con una mezcla de curiosidad y sensualidad, acariciándole suavemente la mano–. ¿Y puedo saber qué celebramos hoy?

- Nada en especial… y todo –murmuró, entrecerrando graciosamente los ojos.

- Estás muy misterioso últimamente –dijo su mujer sonriendo.

- Pues todo, todo lo que tenemos, que estamos bien, que nos va bien…

- ¡Oh!, ¿y a qué se debe este cambio en sus costumbres señor profesor? –dijo Eva parpadeando, con cierta sorna.

- Tú búrlate, no me vas a quitar el buen humor.

- ¡No me burlo, tonto! –exclamó ella, dándole un beso en los labios–. Si me encanta verte así. Pero no sé a que se debe este cambio, ¿No estarás enamorado? –añadió siguiendo con su tono de burla.

- ¿Quién sabe?, estoy todo el día rodeado de jovencísimas maestras, deseosas de aprender de un experimentado jefe de estudios –respondió Germán en el mismo tono.

- Experimentado y apuesto –puntualizó ella, pasándole la palma de la mano por el torso, por encima de la americana–, que te estás poniendo como un tren con tanta piscina.

- ¿Ya han escogido los señores? –interrumpió el camarero con voz cansina.

- ¡Ah! ¡Sí! –acertó a decir Eva sonrojándose y retirando rápidamente la mano del cuerpo de Germán– Yo... la merluza.

- ¿La ración entera? –preguntó de nuevo el camarero.

- No, media –contestó, mirando fijamente la carta.

- Yo el solomillo, al punto, con patatas –pidió el hombre, sin ocultar la sonrisa que le había provocado la situación.

- ¿Desean algo de entrantes?

- Pues... –Germán indeciso miró a su mujer, que le devolvió la mirada con una expresión neutra– Quizá... una ensalada verde.

- De acuerdo, ¿para beber?

- Agua y este vino –indicó, señalándolo en la carta.

- ¡Qué vergüenza! –murmuró ella cuando se fue el camarero.

- No ha sido para tanto –rió abiertamente su marido.

- ¡No te burles! –exclamó Eva molesta– ¿Qué va a pensar?

- ¿Que nos queremos? –preguntó él, que no esperaba respuesta– ¿Que te vuelvo a gustar?

- ¡No digas tonterías!. Me gustabas igual antes que ahora. Bueno, quizá un poco más ahora, pero no por tu cuerpo, sino por tu cabeza, que todavía no me has dicho qué es lo que le pasa.

- A mi cabeza no le pasa nada. Sólo que me encuentro bien, animado, con ganas de trabajar. Ya no me duele la espalda. O casi nada...

- Lo sé, hace tiempo que no compro analgésicos –dijo Eva entrelazando sus dedos con los de su marido–, creo que te ha sentado bien ser jefe de estudios, el año pasado ya lo deseabas.

- Pero el año pasado no lo hubiese hecho bien –matizó él, poniéndose repentinamente serio.

- Es que estabas muy mal cariño, me hacía sufrir verte con tanto dolor.

- Sí, es cierto, pero no me refiero a eso –dijo Germán en el mismo tono.

- Pues explícamelo –aceptó Eva con suavidad, inclinando levemente la cabeza.

- Hace unas semanas tuve una conversación con Carlos, el director, que me ayudó a verme desde fuera.

- ¿Verte desde fuera? –preguntó extrañada.

- Sí, supongo que me estaba convirtiendo en el típico profesor de edad media sin ningún entusiasmo ni pasión –explicó él con esfuerzo.

- Algo de eso te lo llevaba yo diciendo hace bastante tiempo –se lamentó la mujer, retirando instintivamente su mano de la de su marido. El dolor que le habían provocado esas discusiones volvía a surgir–, pero supongo que a mí no me hacías caso.

- Ni te hice caso a ti, ni se lo hubiese hecho a nadie –concluyó Germán volviendo a buscar la mano de su mujer. No le había pasado desapercibido su cambio de humor–. La realidad es que yo no lo veía.

- Pero yo sí, y no es cuestión de ser maestro o fontanero, o lo que quieras –replicó Eva, que seguía seria–. Lo he visto en varias ocasiones en mis tres trabajos. La gente, y en mi opinión le pasa más a los hombres, se queman con las responsabilidades, la cotidianeidad, la frustración de no alcanzar lo que deseaban. Y eso no les permite disfrutar de lo que tienen. Con el tiempo se vuelven mezquinos con su entorno.

- ¡Jo! Me estás poniendo de vuelta y media –protestó el hombre, retirando ahora él la mano de la de su mujer.

- No es eso Germán –matizó ella cambiando de tono, cogiendo con sus dos manos las de su marido–, es que no quiero que acabemos así. Tú tienes mucho que ofrecer, como profesor, como padre y como pareja, y me alegro de que te hayas dado cuenta a tiempo. Lo malo es que haya tenido que ser un problema de salud lo que te ha sacado de tu inmovilismo.

- Pues sea lo que sea, es bienvenido –dijo Germán acariciando la mejilla de su mujer–. En la consulta me dijeron "la constancia tiene recompensa" y eso es precisamente lo que pienso hacer, perseverar en mi nuevo estado.

- Te quiero –susurró Eva deseosa de creer.

Se dieron un apasionado beso y hasta unos segundos después no se dieron cuenta de que el camarero les había dejado los platos en la mesa. Eva abrió la boca con sorpresa sin decir palabra, pero volviendo a sonrojarse. Cuando miró a su marido ambos estallaron en carcajadas.

Elvira

¡Nati! —exclamó Elvira, acelerando el paso por las escaleras del mercado— ¡Chica!, cuánto tiempo sin verte.

- Hola Elvirita —dijo la otra, acercando la cara para saludar a su amiga—. Yo te he visto saliendo del mercado y me he esperado aquí. ¿Cómo estás?

- ¡Ay! Pues hija, ya ves. Tirando —se lamentó Elvira con cierto tono de víctima—. Sin muchos cambios. De ahí vengo —dijo señalando el mercado—, que mañana tengo tropa para comer. Y tú, ¿cómo estás?

- Pues lo mismo, tirando también —comentó Nati con tristeza—. Las piernas, oye. Tengo las rodillas destrozadas, y como no me quieren volver a operar si no adelgazo...

- Pues yo te veo un poco más delgada, ¿no?.

- ¡Ay! ¡Claro! Si tú supieras lo que me ha tocado hacer otra vez...

- ¿Qué has hecho? —preguntó su amiga, con vivo interés.

- Me he puesto otra vez un globo, en el estómago —contestó Nati señalándose el abdomen—. Ya lo llevo tres meses.

- ¡No me digas! —exclamó sorprendida— ¿Y lo llevas puesto ahora?

- Y tanto —aseguró la otra—. Ahora bien, pero al principio, no sabes tú cómo lo pasé.

- ¿Pero eso no es peligroso? —preguntó Elvira con curiosidad.

- ¡Mira hija! —exclamó Nati, queriendo aparentar indiferencia—, todo tiene sus peligros. Que si escuchas todo lo que te dicen antes de ponértelo, saldrías corriendo. Pero qué remedio me queda, yo no puedo seguir así con las piernas, que estoy medio inválida.

- ¿Y ya has perdido mucho? —interrogó Elvira, de nuevo muy interesada—. Hace tanto que no nos vemos...

- Quince quilos llevo perdidos —respondió—. Pero mi trabajo me cuesta. Que apenas como.

- ¡Ah! —exclamó la otra con admiración— , eso está muy bien, oye.

- Y aún espero adelgazar más. Que la otra vez perdí veintiséis.

- ¿Ya te lo habías puesto? –preguntó Elvira extrañada.

- Pues claro. Hace cinco años, cuando me operaron la primera vez de las rodillas. Lo que pasa es que entonces no dije nada. Pero ahora ya me da igual. Yo lo que quiero es que me quiten estos dolores que tengo.

- Sí que me acuerdo, sí –recordó–. Perdiste mucho aquella vez, la verdad. Pero lo recuperaste todo poco a poco.

- ¿Todo? –ironizó Nati–. Todo y un poco más. Que hace tres meses llegué a mi peso máximo. Un barbaridad, hija, una barbaridad.

- Pues tendrías que intentar no recuperarlo esta vez. Que tanto sacrificio para eso…

- ¡Ay!, claro. El médico que me lleva me lo repite cada vez que voy. Pero no ves que luego no me muevo, con las dichosas rodillas…

- ¿Y no habías pensado en eso que hacen, que te operan? –preguntó Elvira–, el estómago, o el intestino, no sé…

- Ahora ya no hija –se lamentó–. Si fui al operador y todo, no te creas. Pero me dijo que a la edad que tengo y con todas las teclas… el riesgo de quedarme era alto. Y me asusté, no te creas. Que yo aún no quiero morirme. Lo tenía que haber hecho la otra vez, el otro médico ya me habló de eso. Pero yo era más joven y me encontraba mejor que ahora…

- Pues chica, yo no te veo mal. Si estoy pensando si me lo pondría yo, el globo ese…

- ¡Ay! –exclamó Nati, cogiendo a su amiga del antebrazo–. ¡Qué tonterías se te ocurren!, no sabes lo que estás diciendo Elvira. Pero si a ti sólo te sobran unos quilos.

- ¿Unos quilos? –dijo Elvira con los ojos desorbitados–. Si cuando yo me casé pesaba veinte quilos menos, ¿qué?

- ¡Huy! –protestó Nati, acompañándose de un gesto con la mano–. ¿Te digo yo lo que pesaba cuando me case?. No hija. A estas alturas no hay que pensar en eso. Seamos realistas. A ti te sobran cinco o siete quilos, y te quedarías en la gloria. Además, mi médico, dudo mucho que te enviase a poner un globo. Que bastante me costó a mi convencerlo. Empieza con el rollo de que si no cambias lo hábitos vuelves a engordar y se te van quitando las ganas. Pero bueno, yo si quieres te doy el teléfono.

- No sé... –dudó Elvira con pena–. Yo estoy desesperada, no sé qué hacer. Me han recomendado unas infusiones, pero yo no sé si eso me hace algo. ¡Eso sí!, todo el día en el lavabo que me paso.

- ¡Ve al médico! –le aconsejó Nati– y déjate de hierbas y de historias, que te aseguro que yo las he probado todas. Y al final, mírame...

- ¡Oye! –dijo la otra airada–. Que yo también he consultado otras veces, la última no hará ni seis meses. Y la verdad chica, es que no me fue bien. Yo intenté hacer lo que me dijo... pero nada. Un par de quilos perdí al principio, para volverlos a coger. Ahora que a mí esa doctora no me gustó mucho, te enredaba hablando y luego no sabías lo que tenías que hacer. Fíjate que me dijo que me fuese a correr...

- ¿A correr? –preguntó con expresión divertida–. Ya me gustaría a mí, ya. Si es que chalados hay en todos los sitios. Pues oye, yo si quieres te doy el teléfono de mi médico. Y lo pruebas, a ver qué tal...

- Quizá sí –dijo Elvira–. Luego te llamo a casa y me das el teléfono. Por consultar a otro, no tengo nada que perder... ¿Por lo demás estáis bien?, ¿tus hijos bien?

- Todos bien, gracias. Los tuyos también, ¿no?

- Bien, bien. No nos quejamos. Bueno Nati, me alegro de verte –le dijo acercándose para darle dos besos– espero que todo te vaya bien, y a ver si no pasa tanto tiempo hasta que nos volvamos a ver. Veniros un día a casa a tomar café.

- Ya hablaremos, no te preocupes –contestó la otra evasiva–. Y si quieres las señas, llámame a casa al mediodía. Saluda a Cosme.

- Luego te llamo – dijo Elvira despidiéndose – Y saluda tú también a tu marido. Adiós.

Lorena

Lorena y Vero entraron en el piso escandalosamente, empujándose y bromeando. Venían de correr, al mediodía, aprovechando un hueco que tenían las dos en sus clases. Ester estaba en el sofá del comedor, con los pies encima de la mesita, repasando unos apuntes.

- ¡Hola! —saludó Vero con alegría—. ¿Tienes examen esta tarde?

- Sí —respondió escuetamente Ester, sin levantar la mirada de los papeles.

- Hola Ester —dijo Lorena, entrando en el comedor detrás de su hermana.

- ¿Y qué tal lo llevas? —preguntó de nuevo Vero, intentando establecer un mínimo de conversación con la amiga de su hermana.

- Bien —respondió ella, en el mismo tono neutro de antes.

- Tía, deberías venirte a correr con nosotras —continuó Vero en tono irónico—, te despeja la cabeza. Aunque hace un frío que pela.

- Paso —respondió Ester.

- Y tú, ¿no tienes ese examen? —preguntó Vero a su hermana.

- No, yo no tengo esa optativa —contestó Lorena—. Nos duchamos y comemos —añadió, dirigiéndose a Ester.

- No hace falta que os preocupéis por mí —respondió—, ya me apaño con cualquier cosa.

- Pero tía, ¿qué te pasa ahora? —interrogó Lorena preocupada—. ¿Estás agobiada con el examen?

- No me pasa nada —respondió Ester, mirando desafiante a su amiga—. Vosotras arreglaros con la comidita de mamá, que yo ya me prepararé algo.

- ¡Puf! —exclamó Vero, girándose para marcharse a su habitación, poniendo su típica expresión de fastidio.

- ¡Bueno ya está bien! —estalló Lorena cogiendo a su hermana del brazo, para que no se marchara—. ¡Las dos! Estoy hasta las narices de esta situación. Parecéis dos niñas pequeñas. ¡Podríais madurar un poco!

- ¡Es que es una capulla, tía! –se justificó Vero–. Yo lo intento, pero siempre está más tiesa que un palo. Dile a tu novio que te de un poco más de marcha –continuó, dirigiéndose a Ester–, a ver si te suavizas un poco.

- ¡Tú eres gilipollas! –exclamó Ester furibunda, poniéndose de pie de un salto–. Pero, ¿de qué vas?. Díselo tú al tuyo, que lo tienes en el pueblo. ¡Eso debe ser!, que entre semana estás necesitada... y lo pagas conmigo.

- ¡Que ya está bien!, ¡Hostia ya! –gritó Lorena, visiblemente alterada–. Me tenéis harta. No me pienso pasar así el resto de la carrera, ¿está claro? O arregláis la situación entre vosotras, o yo me busco una habitación en otro piso. ¡Vivir así es una mierda!

- Vale, vale... –concedió Vero, impresionada por la inusual reacción de su hermana.

- Pero tía –dijo Ester a Lorena, en un tono mucho más suave–. ¿Es que no ves lo que nos ha cambiado la vida tu hermana? Antes lo pasábamos genial, siempre de coña... sin preocupaciones. Ahora sólo quieres salir los jueves, porque por las mañanas tienes que ir a correr. Tienes que comer en casa, para aprovechar la comida de mamaíta. ¡En tres meses no hemos ido ni un solo día a tomar algo por ahí! Pasas más tiempo con ella que conmigo.

- Quizá tengas razón... –murmuró Lorena, sentándose en el sofá–. A lo mejor me he pasado un poco al otro extremo. Pero me siento tan bien físicamente... He perdido ya cinco quilos, tía. ¿No te alegras algo por mí? Sabes que este asunto me tenía ya agobiada. Te lo llevaba diciendo desde el año pasado...

- Sí –aceptó la otra, sentándose a su lado–, claro que me alegro por ti. Pero también echo de menos lo que nos divertíamos antes. Y las risas... Todo ha cambiado desde que llegó Vero. Y... ya casi no hablamos, ni hacemos nada juntas –continuó emocionada.

- Pero tía –empezó a decir Vero comprensiva, consciente de los celos que había suscitado en Ester–. También piensa un poco en tu carácter. Entre semana estás siempre de mal humor, cualquier cosa que te digo te lo tomas mal. Parece que sientas que nos hemos puesto en contra tuya. ¡Y no es así!

- Pues es como lo siento —confesó Ester, limpiándose una lágrima—. Al fin y al cabo yo estoy sola aquí, vosotras parecéis una piña... Siempre tan compenetradas.

- Pero eso es porque tú quieres —añadió Lorena afectada por la reacción de su amiga—, podemos hacer cosas las tres, vente algún día a correr y podemos establecer lo mismo para comer, las tres juntas. Y... vale, algún día salimos a cenar alguna guarrada, seguro que habrá algo que yo pueda comer. Vamos a ceder un poco todas.

- De acuerdo —aceptó Ester, avergonzada de haber puesto de manifiesto su frustración.

- Anímate, tía —intervino Vero, arrodillándose al lado de Ester—. Seguro que nos lo pasamos bien. Y si te vienes a correr, ya verás el culo que se te pone, que siempre te estás quejando de eso —continuó, intentando bromear.

- ¡Qué cerda eres! —musitó Ester sonriendo y enjugándose las lágrimas, al tiempo que la empujaba suavemente, haciendo que cayera al suelo.

- ¡Venga! —dijo Lorena más animada—. Tú continúa repasando. Nos duchamos y preparamos la comida.

- Ya no puedo seguir estudiando —aseguró Ester poniéndose en pie—, yo preparo la ensalada y pongo la mesa.

- Vale —dijo Vero, guiñándole un ojo a su hermana.

Adelaida

Reme, de pie en el autobús, miraba con disimulo a Adelaida. Recordaba la misma situación casi tres meses atrás. Estaba muy cambiada, lo achacaba al ingreso que casi la mata, pero intuía que había algo más. Había perdido cinco quilos y se había comportado de forma amigable con su doctora, que casualmente fue la misma que la atendió durante el tiempo de hospitalización. Le había llevado un tapete de ganchillo, que la médico le había agradecido de corazón, aunque a Reme no le parecía que fuese a darle mucha utilidad. La recordaba gritando por el ambulatorio unas semanas atrás queriéndole poner una reclamación. ¡Cómo somos los seres humanos!, tan cambiantes.

Su amiga había conseguido sorprenderla en extremo cuando empezó a hacer preguntas sobre la cirugía de la obesidad, demostrando que se había leído detenidamente las hojas de información que le habían entregado previamente. La doctora le respondió con detalle pero sin falsas esperanzas, aunque la animó a decidirse. Finalmente accedió, y se comprometió a seguir las instrucciones que le darían en la siguiente visita con las nutricionistas, y a programarse todas las pruebas que constituían el protocolo del preoperatorio.

Cuando se acercaba su parada, Adelaida se levantó del asiento con prudencia y con la mirada la invitó a acompañarla hacia la puerta del autobús. Sujetándola del brazo, Reme bajó los dos escalones hasta el suelo y las dos se dirigieron hacia su casa. Se mantenían en silencio, aunque la complicidad entre ellas había aumentado desde que la encontró inconsciente en el estanco. Todavía le daba un vuelco el corazón cuando recordaba la visión de aquel pie. Reme respetaba su mutismo, aunque hervía en ganas de preguntarle el por qué de su cambio de opinión. Finalmente, en la acera de su casa, Adelaida se decidió a hablar:

- Supongo que te habrá sorprendido que me haya decidido a operarme —dijo mirando al frente.

- Lo cierto es que sí... —respondió la otra, sin hacer ningún juicio de valor, esperando a que su vecina siguiese hablando.

- No te había dicho nada –prosiguió, caminando con lentitud–, pero el día que me ingresaron en el hospital, Jesús me había dicho que estaba esperando un hijo. Una niña.

- ¡Eso es estupendo! –exclamó Reme quedándose parada en medio de la calle–, ¡enhorabuena!, me alegro mucho –dijo al tiempo que abrazaba a su amiga.

- Gracias –dijo Adelaida, devolviéndole el abrazo brevemente y poniéndose a caminar nuevamente.

- ¿Por qué no me lo habías dicho? –interrogó desconcertada Reme–. ¿Para cuando nacerá?

- Pues está de unos seis meses.

- ¡Seis meses! –exclamó parándose de nuevo–. Pero si eso es dentro de nada.

- Lo sé, y tanto que lo sé –respondió Adelaida arrastrando de nuevo a su amiga del brazo–. No tengo tiempo de nada.

- ¿Eso es lo que te ha decidido a operarte? –preguntó Reme ya recuperada de la sorpresa.

- Supongo que sí –respondió reflexiva–. He tenido tiempo en estos días para pensar. Mi hijo ha estado muy atento desde que me ingresaron. Lo vuelvo a sentir muy cercano desde que sé que va a ser padre –de nuevo guardó unos instantes de silencio, hasta que se decidió a seguir hablando–. Quiero participar de todo esto, ¿sabes?. No me lo quiero perder, ni ser una carga para ellos, si caigo enferma de verdad.

- Te entiendo muy bien –susurró Reme con pesar–. Ya tengo cuatro nietos y los he visto en muy pocas ocasiones. Los echo mucho de menos. A veces es un sentimiento que me provoca dolor físico.

- Lo siento –se lamentó Adelaida. Ahora fue ella la que se paró y abrazó a Reme, que no pudo reprimir un sollozo en el hombro de su amiga–. Hablas muy poco de ello. A veces olvido que tienes una gran familia.

- ¡Han sido tantas cosas en estos meses! –murmuró la mujer, secándose las lágrimas con un pañuelo–. Dimas, mi hijo mayor, insiste en que me vaya a vivir con ellos, pero todavía no puedo marcharme. Tengo muy presente a Manolo. ¿Y qué voy a hacer yo en Bruselas?... No me entenderé con nadie.

- ¿Y por qué no vas una temporada corta? –preguntó Adelaida sacando del bolso las llaves del portal.

- Sí, supongo que iré. En verano a lo mejor –respondió recobrando la compostura–. En realidad me da un poco de miedo eso de viajar sola, y coger el avión... Sólo he volado una vez, a Palma, con Manolo, hace unos años. Fue el regalo de nuestros hijos para nuestro 25 aniversario.

- ¡Claro que sí! –la animó su amiga abriendo el portal y haciéndose a un lado para dejarla pasar–. Te vas y ves a tus nietos. Y te estás allí el tiempo que quieras. Y cuando te añores, pues te vuelves.

- Ya veremos –respondió Reme evasiva, abriendo el ascensor–. ¿Y tú tienes claro lo que vas a hacer? –la interrogó, dando por cerrada su corta pérdida de control.

- Te sorprenderá, pero sí. Probablemente no me tienes mucha confianza, pero me he propuesto hacer lo que me aconsejan. Ya no me da igual lo que me pase. Quiero conocer a mi nieta... Y cambiarle los pañales, llevarla al parque, darle la papilla y hasta de hacerle el cocido que me enseñó mi madre. Y verla hacer la comunión. Bueno, y a verla casarse no sé si llegaré, pero al menos que se acuerde de su abuela, para siempre.

- Estoy segura de que todo te irá bien –Reme encendió la luz del rellano y sacó las llaves–. Oye, ¿por qué no comemos juntas?. Es una tontería que estemos solas cada una en su casa. ¡Pasa! –dijo mientras abría la puerta.

- Está bien Reme. Espera que voy a casa a por la verdura que ya tengo preparada.

Magda

Magda y Fernando estaban sentados en la mesa del restaurante esperando a otra pareja. A ella le reventaba acudir a estas cenas de compromiso, pero entendía que eran necesarias para su marido. Habían quedado con Alberto, el jefe de área de la zona noroeste, y con Rosa, su mujer. Estaban en la ciudad por motivos familiares, y Fernando quería aprovechar para establecer una buena relación con Alberto, que parecía el mejor posicionado para suceder al director general de la empresa en el futuro.

- Mira, ya han llegado —dijo él poniéndose de pie.

- Menos mal —murmuró ella con fastidio—. Llevamos ya veinte minutos aquí.

- Tengamos la fiesta en paz —pidió Fernando, sonriendo a lo lejos.

- Tranquilo, que me portaré bien —respondió su mujer, sonriendo también.

- Hola, ¡tú debes ser Magda! —exclamó Alberto, tendiéndole la mano— Esta es Rosa, mi mujer.

- Encantada Rosa —saludó Magda, dándole dos besos.

- Y este es Fernando —dijo Alberto dirigiéndose a su mujer—. Te he hablado mucho de él.

- Y que lo digas cariño... —respondió ella, tendiéndole la mano a Fernando.

- Es un placer —dijo Fernando, sin saber qué pensar del comentario de Rosa.

Los cuatro se sentaron a la mesa, e inmediatamente el camarero se acercó para repartir las cartas y preguntar por las bebidas. Magda observó con disimulo a Rosa, que la había dejado impresionada. Debía tener unos diez años más que ella, pero se debía de haber operado todo lo médicamente operable. Parecía una muñeca de porcelana. Mientras los hombres hablaban sobre el tráfico y lo que les había costado llegar al restaurante, ella decidió entablar una conversación insustancial con Rosa.

- Me ha comentado Fernando que tenéis un familiar enfermo...

- Sí —contestó, tras unos incómodos segundos en los que mantuvo la mirada en la carta—. El hermano de Alberto vive aquí, y ha tenido un infarto.

- ¡Oh!, cuanto lo siento – dijo educadamente Magda.

- Yo no —respondió escuetamente la otra, dejándola desconcertada.

Magda giró la cabeza a su derecha y decidió sumarse a la conversación de los hombres. Alberto parecía más afable que su encantadora esposa.

- ... ya es la segunda vez que le pasa —comentaba Alberto—, pero hoy lo han sacado de intensivos. Parece que está evolucionando bien.

- Pues me alegro de que vaya mejor —dijo Fernando—, si necesitáis algo mientras estáis aquí, no dudes en decirlo.

- Yo tengo algunos amigos médicos —intervino Magda—. Una de ellas es cardióloga, si lo necesitas, se lo dices a Fernando.

- Te lo agradezco mucho —respondió él—. Es muy amable por tu parte, pero no te preocupes, está en buenas manos. Así que ¿tú también eres farmacéutica? —preguntó a Magda.

- Sí. Pero en cuanto acabé la carrera me puse a trabajar en la farmacia de mi madre. Y allí sigo, sin el glamour de los altos cargos —añadió con simpatía, mirando a su marido.

- Bueno, pedimos ya la cena, ¿no? —preguntó Fernando, mirando alternativamente al resto de comensales, metido en su papel de anfitrión.

El camarero se acercó de nuevo y tomó nota de los platos. Los hombres se decidieron por la ternera, al fin y al cabo el restaurante era famoso por su excelente selección de carnes. Magda pidió una ensalada de marisco, porque no había ensalada verde y un pescado al horno. No se enteró de lo que había pedido Rosa, pero por la fragilidad de su aspecto, no parecía que comiese mucho. Y pudo comprobarlo, porque apenas probó los entrantes, que estaban deliciosos, aunque ella tampoco comió demasiado.

Y eso que su marido de vez en cuando la miraba disimuladamente con el ceño fruncido, aunque ya estaba inmerso en una conversación con Alberto, sobre la empresa. Bueno, para eso hemos venido, se dijo a sí misma. Resignación, ¡menudo palo era la Rosa esa! Cada vez que intentaba hablar de algo con ella le respondía con monosílabos, aunque Magda sospechaba que le debía de costar mover los labios, de tan hinchados que los tenía.

En el plato de Magda había por lo menos tres veces más pescado de lo que solía cenar. Y con unas patatas excelentes, se preguntaba cómo las habrían cocinado. Aún así se forzó a dejarse la mitad de la comida, pero cuando miró el plato de Rosa vio que todavía había comido menos que ella. Se fijó en sus brazos, eran tremendamente delgados. Cuando se levantó para ir al lavabo se percató de que estaba muy delgada, lo que realzaba todavía más sus enormes pechos.

Mientras Fernando le hacía señas al camarero para tomar nota del postre sonó el móvil de Alberto, que se levantó para contestar, alejándose hacia la entrada del establecimiento. Volvió con cara de preocupación.

- Era mi cuñada –dijo sin sentarse– han vuelto a llevar a mi hermano a intensivos, parece que algo se ha complicado. Nos vamos para allá, lo siento.

- Más lo sentimos nosotros –se lamentó Fernando levantándose–. ¿Queréis que os llevemos a la clínica?

- ¡Ni hablar! –exclamó–. Vosotros quedaros y acabad de cenar, nosotros cogemos un taxi. Dejadme que os invite, por favor.

- No, no –se apresuró a decir Fernando– La próxima vez os toca a vosotros, hoy somos nosotros los anfitriones.

- Te lo agradezco mucho –dijo Alberto estrechando su mano y después la de su mujer–. Ha sido un placer conocerte Magda. ¡Ah! Ya está aquí Rosa. Tenemos que volver a la clínica –le dijo, sin más explicaciones.

- Adiós –se despidió Magda, acercándose a Rosa para despedirse–, espero que la próxima vez que nos veamos no sea tan accidentada – continuó, aunque en realidad, lo que deseaba era no volver a verla.

- Adiós –dijo Rosa a Fernando, tendiéndole lánguidamente la mano.

- Encantado de conocerte Rosa –respondió él con la mejor de sus sonrisas–. Que se mejore tu hermano –añadió, dirigiéndose al marido.

- Gracias –contestó Alberto– mañana hablamos.

Permanecieron unos segundos de pie, hasta que la pareja salió por la puerta del restaurante, y se sentaron de nuevo.

- ¡Que mujer más horrible! – dijo Magda, con ganas de criticar - ¿Te has fijado que entre ellos casi no se han hablado?

- ¿Y tú a qué juegas? –preguntó él muy serio.

- ¿De qué me hablas? –inquirió ella incrédula–. Pero si he estado intentando darle conversación durante toda la cena.

- ¿Qué? –respondió desconcertado–. Te pregunto que qué haces con la comida. No has comido nada y está todo buenísimo. ¿Me voy a tener que empezar a preocupar? Este restaurante siempre te ha encantado.

- Creía que me hablabas de Rosa –murmuró, desviando la mirada hacia su izquierda, evitando a su marido.

- Hace seis meses que empezaste con tu famoso cambio de hábitos y te ha ido fenomenal. Estás estupenda. Guapísima. Pero no te vayas a pasar al otro extremo.

- Pero, ¿tú has visto la cantidad de comida que me han puesto? –se quejó ella.

- Magda, las raciones son las mismas de siempre –aseguró Fernando– Y has comido como un pajarito. ¿Qué quieres?, ¿acabar como Rosa?. Cuando he visto el plato que habéis dejado las dos, se me ha erizado el pelo de la nuca. ¡Eran idénticos!

- ¡No! –exclamó alarmada–, Dios mío, antes prefiero estar gordita, como antes. Y no es verdad, yo he comido más.

- ¡Pues eso! –dijo Fernando sin disminuir su enfado–. Llevas el mismo camino. ¿Cuánto has perdido ya?, ¿nueve quilos?, ¿es que no te parece suficiente?

- Sí, claro que sí. Estoy encantada –reconoció–. Lo que pasa es que no quiero volver a ganarlos.

- Pero, ¿cómo los vas a volver a ganar? –continuó el hombre en el mismo tono indignado–. Haces ejercicio casi todos los días, cuidas habitualmente tu alimentación. ¿Y no puedes salir un día a cenar relajadamente?. Al principio sí que lo hacías, por eso pienso que te estás obsesionando un poco.

- ¡Deja de reñirme ya! –exclamó enfadada–. No lo sé, quizá tengas razón. Lo que pasa es que tú no lo entiendes, siempre has sido atlético, y mides un metro ochenta. Puedes comer lo que te de la gana. Pero todo esto para mí es importante, ahora me siento mucho mejor que en los últimos años y no quiero volver atrás.

- Lo siento –murmuró Fernando arrepentido después de unos instantes, cogiéndola de la mano–. Sé que te has esforzado mucho estos meses, pero es que empiezo a estar preocupado.

- Pues hijo, ¡menuda manera de demostrarlo! –se lamentó Magda disgustada.

- Ya te he dicho que lo siento –continuó–. Me gustaría pensar que podemos disfrutar de una cena de vez en cuando, sin complejos ni pensamientos raros. Siempre pareces tener una razón oculta para todo lo que haces...

- ¡Qué simples sois los hombres! –dijo ella sonriéndole con cariño–. ¿Me invitas a un postre?

- Claro –respondió Fernando volviendo a recuperar la sonrisa–. El tiramisú de aquí te encantaba.

- Vale, pedimos dos postres y los compartimos –aceptó, besando a su marido–. Mañana será otro día. Oye...

- ¿Qué?

- ¿Te has fijado...? –Magda parecía un poco avergonzada–. ¿Te has fijado en el pecho de Rosa?

- ¿Qué si me he fijado? –dijo él torciendo un poco la boca, con una sonrisa– ¡Si estaba sentada enfrente y casi me rozaba la nariz!

- ¡Qué bruto eres! —exclamó rompiendo a reír con ganas, al mismo tiempo que se sentía culpable de burlarse tan abiertamente de la pobre mujer.

Álvaro

- ¡Muy bien! –exclamó la doctora delante de la báscula–. Esto está genial, Álvaro. Cincuenta y seis quilos –añadió sentándose de nuevo en su mesa.

- Había perdido un poco más al principio –se excusó Inés, mirando a su hijo mientras se calzaba las zapatillas de deporte–. Pero debe haber ganado algo últimamente.

- Pero si esto está fenomenal –insistió la médica–. Fíjese –dijo, dándole la vuelta a la gráfica, para que pudiera verla–. Han pasado seis meses, ha crecido tres centímetros y sólo ha ganado un quilo.

- ¿Y eso está bien? –preguntó confusa, con tantas líneas en el papel.

- ¡Estupendo! –exclamó de nuevo la doctora, incrédula con la actitud de Inés–. Lo ha hecho usted fenomenal. Los dos lo habéis hecho genial –le dijo a Álvaro, mirándolo por encima de las gafas.

- ¡Qué alivio! –se animó ella, sujetando el bolso con ambas manos.

- Y tú muchacho, ¿estás contento? –preguntó al chico.

- Mucho –respondió Álvaro con una sonrisa.

- ¿Por qué tiene usted tantas dudas?. Yo no me acuerdo de cómo era su hijo hace seis meses, pero seguro que usted lo ve muy cambiado. Si está yendo a nadar y ha seguido los consejos que le dimos, seguro que lo tiene que ver más estilizado y más robusto.

- Sí –respondió Inés un poco azorada–, si tiene usted razón, pero…

- Pero le gustaría que hubiese perdido más peso –le acabó la frase.

- Bueno, un poco sí –reconoció.

- Ya le debí de decir en su momento que esto es lo que yo quería conseguir –continuó la doctora–. El objetivo es que hayan cambiado ustedes las costumbres en casa y que el niño haga más ejercicio. El efecto tarda más en verse, pero es más duradero… para siempre, espero.

- La verdad es que al principio nos costó un poco –comentó Inés–, pero nos hemos adaptado bien, ¿verdad Álvaro? –le preguntó a su hijo, que asintió en silencio.

- Pues lo están haciendo muy bien —volvió a animarles la doctora, recogiendo los papeles de su historial—. Lo importante es que ahora consoliden ustedes estos cambios. Y por lo que veo, después de seis meses, todo parece apuntar a que lo conseguirán.

- Muchas gracias —dijo Inés levantándose para marcharse.

- Adiós —se despidió Álvaro educadamente.

Inés caminaba acelerada, de la mano de Álvaro, con cierta euforia. No quería que su hijo perdiese más clases, así que deseaba llegar cuanto antes al colegio, pero también quería disfrutar del momento. Tampoco había que exagerar, al fin y al cabo era consciente de que aquello formaba parte de los pequeños aciertos y errores que llenan la vida cotidiana. Se sentía principalmente contenta por él, pero también fortalecida en su propio proceder.

Desde que a los 22 años se quedó embarazada, lo cual precipitó su boda con Vicente, siempre sentía que hacía algo mal. Que nunca estaba del todo acertada. Pero todo esto le había servido para reconocer que sabía criar a sus hijos, y que era capaz de tomar decisiones por sí misma, con muy buen juicio. Estaba resuelta a continuar en su misma línea.

6 | Recogiendo lo sembrado

Juan

- Juan, Juan, ¡eh!

Juan y Adela estaban en unos grandes almacenes comprando ropa. Cuando se giró casualmente, vio a su amigo Andrés que se dirigía hacia ellos gesticulando.

- Cómo me alegro de verte –saludó Andrés al tiempo que le daba un abrazo–, hacía al menos dos años que no te veía.

- Es cierto. ¿Te acuerdas de Andrés? –le dijo a Adela– el que destinaron a Bilbao.

- ¡Ah, claro! –asintió ella– ¿Qué tal?, ¿has vuelto?, ¿te quedas?

- No, no –contestó él negando con una mano–. Tenía que venir a la central por unos asuntos. Pero hombre, ¿qué te ha pasado? –interrogó, dirigiéndose a Juan.

- ¿Qué me ha pasado? –preguntó él extrañado–. Pues... nada, estoy estupendamente.

- Pero si has perdido un montón de peso... –dijo Andrés echándose un poco hacia atrás, para verlo mejor.

- Pues sí, 21 quilos en 6 meses –respondió Juan con satisfacción.

- Pero, ¿te has operado del estómago o algo de eso? –preguntó de nuevo, sin salir de su asombro.

- No, no. Me lo ofrecieron al principio, pero me dio miedo y decidí esperar.

- Pues te veo genial –subrayó Andrés gratamente sorprendido–. La verdad es que cuando me fui estaba preocupado por ti, tenías la cara habitualmente roja e hinchada. Recuerdo que te desperté un par de veces sentado en tu despacho. Te quedabas dormido enseguida.

- No me lo habías contado... –musitó Adela dirigiéndose a su marido.

- Bueno, eso ya se ha pasado –contestó Juan rápidamente–. ¿Te apetece tomar un café?, ¿quieres venir o te quedas? – le preguntó a su mujer.

- Me quedo, quiero acabar cuanto antes. Me alegro de verte Andrés, recuerdos a tu mujer —le dijo Adela a Andrés con una sonrisa—. No tardes —susurró con los labios a su marido.

Ambos amigos se dirigieron a la cafetería del centro comercial. Juan se sentía verdaderamente contento de reencontrarse con Andrés después de tanto tiempo. Había resultado ser un buen compañero de trabajo, y aunque se alegró por él cuando le ofrecieron un puesto mejor en otra ciudad, lo había echado de menos.

- ¿Qué tal te va por Bilbao? —le preguntó Juan a su amigo, después de pedir dos cafés al camarero.

- ¡Buff! —resopló el otro—. Hace seis meses que estoy de responsable de la delegación, te enterarías que prejubilaron a Mariano. La cosa no va muy bien, se rumorea que la quieren cerrar, por eso estoy aquí. ¿Y vosotros? Dicen que aquí os va mejor.

- Ya sabes, en esta zona seguimos siendo una empresa fuerte —comentó Juan en tono neutro—. No me quejo.

- Me tienes alucinado, te veo muy bien —insistió Andrés, observando a su amigo, todavía con perplejidad—. Un poco más mayor quizá.

- Eso es por el pellejo éste que me ha quedado en la papada —ambos rieron la gracia—. Pero la verdad es que me encuentro muy bien ahora. Lo pasé mal, tuve un accidente hace poco más de seis meses, me dormí conduciendo.

- ¡Vaya!, ¿algo grave? —preguntó con preocupación.

- No, fue poca cosa —respondió Juan—. El coche me costó más dinero —de nuevo sonrió—, pero aquí estoy, como nuevo. Bueno, con diabetes, hipertensión y durmiendo con una mascarilla, por las apneas. Estoy "parcheado" pero funcional.

- Pues chico, nadie lo diría —comentó Andrés con admiración—. Tienes buen aspecto.

- Ya, si ahora está todo bien. El último análisis salió perfecto, y la tensión de maravilla. Hace unas semanas me repitieron la prueba del sueño y estuvieron a punto de quitarme la máquina, pero finalmente decidieron dejarla un tiempo más. Ten en cuenta que sigo pesando 102 quilos y con mi talla...

- ¿Y qué haces para mantenerte? –preguntó con curiosidad.

- Pues sobre todo ejercicio –respondió Juan–. Hago cuarenta minutos diarios de bici fija, despacito, no creas. Y los fines de semana Adela y yo salimos con la bicicleta a pasear. Además he conseguido variar mis hábitos de alimentación y los mantengo. De hecho yo quiero perder algo más, pero mi médico dice que ya es todo un éxito lo que he conseguido y que lo más importante es el mantenimiento.

- Bueno Juan, me alegro de verte, pero me tengo que ir –dijo Andrés poniéndose de pie–, tengo la reunión en media hora.

- Que haya suerte –contestó Juan estrechando la mano de su amigo– y envíame algún correo de vez en cuando.

- Eso está hecho. Cuídate.

Laura

- Hola Laura —saludó Daniel sujetando la puerta del patio. Esta vez iba sólo.

- Hola —respondió ella intentando mirar hacia otro lado.

- Te veo cambiada... estás muy guapa.

- Sí, no sé... el pelo quizá —y empezó a sonrojarse más de lo habitual.

Él se quedó sujetando la puerta. Laura permanecía en el umbral, petrificada. Tras unos incómodos segundos, Daniel se decidió:

- El viernes por la noche hay un concierto en el estadio.

- ¿De verdad? No me había enterado —contestó ella sin poder disimular un cierto temblor en la voz.

- He quedado con unos amigos —continuó— y me sobra una entrada. ¿Te gustaría venir?

- ¿Eh? —Laura pensaba que el corazón se le iba a salir del cuerpo, temblaba imperceptiblemente y no estaba segura de poderlo controlar más tiempo. Sin embargo, se había dado cuenta de que Daniel se había sonrojado también—. No sé...

- Lo pasaremos bien, ya verás, es a las diez de la noche. ¿Trabajas ese día?

- No —lo había dicho sin pensar y ahora ya no tenía excusa para negarse— Nunca he ido a un concierto... —lo estaba fastidiando cada vez más, ahora pensaría que era una ermitaña tarada.

- ¡Genial! —respondió él sin darle oportunidad a negarse—. Quedamos aquí mismo en el portal, a las nueve. ¿Te parece bien? Iremos caminando. Estará fatal para aparcar.

- Vale —acertó a decir Laura, más pendiente de controlar el temblor de sus piernas que de la conversación.

Berta

- Julián, ¿Estás dormido? –preguntó Berta en voz baja.

- Casi. ¿Quieres algo? –respondió incorporándose en la cama.

- No, no. Estoy bien.

- ¿Enciendo la luz? –preguntó el hombre somnoliento.

- No, déjala apagada. Vuelve a tumbarte.

- ¿Te encuentras bien? –por el tono de voz, ya se había despertado.

- Sí, estoy bien. Es que...

- Me estás preocupando. Voy a encender la luz –dijo Julián buscando el interruptor de la lámpara de la mesilla.

- ¡No, por favor! –replicó ella con cierta ansiedad–. Déjala así.

- Como quieras –aceptó él, dispuesto a prestar atención.

- Sólo quería darte las gracias... –comenzó a decir Berta.

- ¿Las gracias?, ¿de qué?

- Por estos meses... –titubeó después de unos instantes–. Bueno, por todos estos años. Pero sobre todo por estos meses.

- ¡Ahora sí que me estás preocupando de verdad! –exclamó Julián sentándose en la cama.

- ¡No me gastes bromas ahora! Estoy hablando en serio.

- Está bien, te escucho –dijo Julián en voz baja.

- Sé que tengo un carácter complicado... Tú también tienes tus cosas, no creas. Pero en estos meses te he sentido muy cercano. Has cuidado mucho de mí... Me encuentro mucho mejor y en gran parte es gracias a ti.

- Pero todo lo has hecho tú sola –replicó el marido–. Has cambiado tus hábitos de comidas, sales a la calle a pasear todos los días...

- Pero no lo hubiese conseguido sin ti –admitió Berta con esfuerzo–. Otras veces he perdido más peso que ahora, aunque luego lo volvía a recuperar. Pero ahora, no sólo es el peso, me siento más ágil, menos dolorida.

- Recuerda lo que te dije: "Tú puedes" y ¡ves como sí que podías!

- Yo no lo creía –reconoció ella–. Era muy escéptica en ese sentido. Ahora me alegro de haberte hecho caso.

- Yo también –Julián le dio un beso, buscándola en la oscuridad– y ahora duérmete y descansa. No le des más vueltas. Y dile a mi mujer, la de verdad, no tú, que vuelva mañana por la mañana.

Leo

- ¿Cómo te encuentras Leo? —preguntó el médico, sentándose después de pesarla y medirle la cintura.

- Bien, muy bien —contestó resuelta mientras se calzaba.

- ¿Qué te parece el resultado que has obtenido hasta ahora?

- ¿Pobre?, no sé, usted es el especialista —añadió con cierta altanería—, ¿qué piensa?

- Lo importante no es lo que yo piense —respondió el médico, levantando la vista del papel donde estaba escribiendo—, sino el beneficio que tú obtengas a largo plazo sobre tu salud y tu sensación de bienestar. Desde el punto de vista de salud, has perdido siete quilos en estos seis meses, no llega al 10% del peso inicial, pero también es cierto que no has vuelto a ganar… y que tu índice de masa corporal ha pasado de obesidad a sobrepeso. Seguro que en algo has conseguido reducir el riesgo de aparición de complicaciones crónicas asociadas al exceso de peso.

- Pero usted cree que no es suficiente —replicó Leo, sin abandonar el tono anterior.

- No se trata de eso —dijo el médico quitándose las gafas— tú eres una persona joven y creo que deberíamos plantearnos objetivos más ambiciosos a largo plazo, pero lo cierto es que cualquier pérdida de peso es bien recibida, si se mantiene en el tiempo. En ese sentido, opino que has conseguido cambiar hábitos y hacer ejercicio y por lo tanto sólo veo beneficios.

- Algo es algo entonces —respondió ella, esta vez más relajada.

- Con relación a tu estado de bienestar, tú me tienes que decir cómo te sientes.

- Bien, mejor… —admitió Leo, sintiéndose algo reticente a confiarse a un extraño—. Las piernas ya no me molestan, ni siquiera cuando hace calor. Supongo que el ejercicio me ha ayudado mucho.

- Estupendo —dijo el médico asintiendo—. Y… ¿desde el punto de vista personal?

- Pues… –finalmente decidió hablar abiertamente–. En los últimos años yo me he dedicado a mí misma, he trabajado duro y tengo el respeto profesional de mis compañeros. Mi aspecto me trajo muchos problemas de adolescente, pero conseguí superarlo. Decidí dejar de privarme de aquello que me gustaba y eso incluía la comida. Dejó de importarme lo que pensasen los demás y las cosas empezaron a irme bien. Considero que tengo éxito en mi trabajo y en mi vida.

- Es una opción muy respetable –aceptó él, paciente–, pero… ¿hay un pero?

- Supongo… –respondió con una mueca en los labios–. Creo que estaba… no sé cómo expresarlo, de alguna manera estaba negando la evidencia. Pensé que si el sobrepeso dejaba de importarme… era como si hubiese dejado de existir.

- Pero no es así –afirmó el médico, que jugaba inconscientemente con las patillas de las gafas.

- Lo sé –dijo Leo, sorprendiéndose a sí misma por abrirse de esa manera a un desconocido–. Y mi madre me ayudó a darme cuenta de eso. En realidad lo que he conseguido es cambiar mi actitud hacia la comida –continuó, tras una casi imperceptible vacilación–. Cuando salgo con mis amigos sigo haciendo prácticamente lo mismo que antes, pero en mi vida cotidiana intento comer de otra manera, más ligera, sin buscar constantemente quedarme satisfecha. Lo curioso es que a la larga esta actitud es, precisamente, lo que me está dando satisfacción. Me siento mejor, más dueña de mi cuerpo. Más responsable de los resultados. Supongo que no soy excesivamente estricta, por eso no he perdido mucho peso.

- Pero es que de eso se trataba desde el principio, de introducir aquellos cambios que tú seas capaz de mantener en el tiempo –explicó con cierto regocijo–. Esto te ha permitido perder peso progresivamente y no volver a ganarlo. Si consigues mantenerte así y hacer ejercicio, estoy seguro de que todavía conseguirás perder algo más. Pero no tengas prisa, tienes toda la vida por delante…

- Está bien –aceptó ella, mucho más animada.

- El próximo control lo podemos hacer en 3 meses. Te vas a hacer estos análisis... –añadió el médico mientras escribía un formulario– unos días antes de la próxima visita.

- De acuerdo. Gracias por todo – respondió Leo, ya de pie.

Germán

Germán se miraba al espejo del probador, en una tienda de trajes. Se observaba desde diferentes puntos, aprovechando que había tres espejos colocados de manera que le permitían verse de perfil y de espalda. Se sentía entusiasmado con su nuevo aspecto. Llevaba seis meses asistiendo regularmente a la piscina, había perdido ya 11 quilos, y su cintura había disminuido sensiblemente. ¡Dos tallas de pantalón!

Era la boda de su sobrina, su ahijada, y no tenía ropa para ponerse. Le hubiese gustado que Eva le acompañase, ella sabía siempre cómo combinar las corbatas con el color del traje y cual era la más adecuada para el acto al que pensaba asistir. Pero no había sido posible. Con el despido de otra administrativa, tenía mucho trabajo. No estaba la cosa para pedir horas libres. ¡Qué fastidio! No se acababa de decidir entre dos de las corbatas. Quería causar buena impresión. Como su hermano mayor había muerto dos años antes, él sería el padrino. Decidió quedarse las dos y que Eva le ayudase a decidir en casa. Al fin y al cabo, ambas le gustaban.

Una vez satisfecho con su aspecto, empezó a desvestirse. Se quedó plantado en calzoncillos y calcetines delante del espejo. Nunca se había preocupado en exceso por su imagen. No pretendía ligar con nadie. Aunque era muy aseado y limpio, eso sí. Verse no le resultó especialmente agradable ni desagradable. Su figura no era como la de los que salían en los anuncios, pero qué más daba. ¡Cuánto pelo! Tenía más pelo en el cuerpo que en la cabeza. Se giró lentamente para ver su abdomen de perfil. Todavía estaba abultado, suponía que lo estaría siempre, pero mucho menos que antes. Si lo escondía, prácticamente no se le notaba la barriga. Se pellizcó los michelines con los dedos, claramente habían disminuido, pensó con cierta alegría. Después observó los pectorales y los brazos, estaban bastante mejorados. También los muslos, en cambio los gemelos seguían tan minúsculos como antes. Bueno, quizá no tanto.

Pensó en sus hijos. Iba a intentar de todas las formas posibles que no dejasen nunca de hacer ejercicio. El mayor jugaba al hockey, y a sus 13 años estaba más o menos atlético, claro que con la herencia que había recibido tampoco podía esperar mucho más. Las gemelas jugaban al voleibol, pero no eran muy entusiastas del deporte, preferían la música. En eso habían salido a él. A lo mejor se las podría llevar a nadar al mediodía, pero tenían inglés tres días por semana. Aprovechaban esa hora para otras actividades, por eso comían en el colegio. Desechó la idea, ya pensaría otra cosa.

De repente se sintió un poco ridículo, mirándose de esa manera, semidesnudo. Se acordó de que el dependiente que le estaba atendiendo debía de estar esperándole hacía rato. Se vistió apresuradamente con su ropa, y cogió el traje, las dos camisas que se había probado y las corbatas. Entonces se dio cuenta de que no había salido con el pantalón para que le marcasen los bajos. No importaba demasiado, su suegra cosía muy bien. Se lo arreglaría en casa.

No quería tardar más tiempo en salir del probador. Descorrió la cortina, pero antes se giró de nuevo y volvió a mirarse en el espejo, esta vez con su ropa de calle. Se sintió complacido con el trabajo que había hecho consigo mismo en los últimos meses. Perseverar, eso era la clave. La constancia tiene recompensa. En realidad, lo había sabido siempre, lo difícil era mantenerse. No conocía nada en la vida que valiese la pena y que no costase esfuerzo. Ahora no pensaba volver a abandonarse. Se sentía con fuerzas para mantener sus nuevas costumbres. Los pantalones le quedaban fruncidos en la cintura, y la camisa demasiado holgada. Decidió comprarse más ropa, acorde con su nueva talla, pero lo haría en una tienda más económica.

Lorena

- Pásame la crema –le dijo Vero a Lorena, incorporándose en la toalla.

- ¿La de la cara? –preguntó su hermana, protegiéndose los ojos del sol con una mano.

- ¡No tía!. Esa tiene un factor de protección de cinco mil, por lo menos. La compró mamá. Si te la pones, te quedas igual de blanca que si no hubieses venido a la playa.

- Toma –dijo Lorena pasándole otra crema, quedándose sentada en la toalla, mirando al mar–. Estoy achicharrada ya. Creo que me voy a bañar.

- El agua está un poco sucia por este lado –comentó Vero mientras se aplicaba la crema–. Bueno, sucia no, con algas.

- ¿Has vuelto a hablar con Nacho? –preguntó Lorena, mirándola fijamente.

- No... –contestó, cerrando el tubo de crema, y mirando con los ojos entrecerrados hacia el horizonte–. No sé qué hacer...

- ¿Cómo se lo ha tomado? –insistió.

- Mal –respondió Vero, torciendo un poco la cabeza–. Me encontré con Rafa, antes de venirnos a la playa y me dijo que está hecho polvo.

- Normal tía –dijo Lorena– llevabais ya tres años. Y a él me parece que no le hacía mucha ilusión que te fueses fuera a estudiar.

- ¡Bueno tía!, pues que se hubiese esforzado más durante el curso, que no pegó ni golpe. Si hubiese aprobado el bachillerato, podría haberse venido también a estudiar, que es lo que querían sus padres. Pero ha preferido ponerse a trabajar en el negocio familiar. Y quedarse en el pueblo *in eternum*...

- Yo creo que Nacho nunca quiso hacer el bachillerato. Creo que lo hizo por ti.

- Supongo que sí... –contestó Vero pensativa–. Supongo que empezamos demasiado jóvenes. Y queríamos cosas diferentes...

Este año, viviendo fuera, me ha hecho ver mi entorno de otro modo. Tengo otros objetivos... No sé, irme un curso al extranjero. Quiero otras oportunidades. ¡El mundo es muy grande! Y no me veo viviendo en el pueblo para siempre.

- Ya tía –dijo Lorena–. Si yo te comprendo... Pero hacíais buena pareja.

- Pero él sigue tan infantil como a los quince años –continuó su hermana, queriendo convencerse a sí misma–. Sólo piensa en su coche, el baloncesto y pillar una cogorza los fines de semana. Y encima ahora gana algo de dinero, por lo que no quiere oír ni hablar de acabar el bachillerato.

- Pues si tú lo tienes claro, ¡adelante! –opinó Lorena desperezándose–. No intentes cambiarlo.

- ¿Y tú que tal con el hermano de Rafa? La otra noche os vi muy animados hablando en la puerta del pub.

- No sé tía –titubeó Lorena, poniéndose un poco nerviosa, mientras sacudía la arena de su toalla–. Me mola mucho, pero tiene tres años más que yo. Igual me ve como un cría...

- ¡Qué dices! –exclamó Vero– si te miraba con ojos de cordero. Que se le notaba mogollón, si hasta me lo dijo Victoria, la camarera.

- ¿Tú crees? –preguntó ella ilusionada–. Será por mi maravilloso tipo... –declaró poniéndose de pie– mira, no me han salido estrías ni nada.

- Ese bikini... ¿es nuevo?

- ¡Que va! –respondió Lorena– es de hace dos años, lo que pasa es que el año pasado me quedaba de puta pena. Me voy a bañar –continuó mientras se alejaba–, ¿vienes? –le preguntó en voz alta desde la orilla.

- Nooo –gritó Vero–. Y no tardes, que papá y mamá nos esperan para comer.

Verónica se puso las gafas de sol y observó fijamente a su hermana que, con el agua por las rodillas, no se decidía a sumergirse. Siempre tan friolera, pensó. El cambio era espectacular. Había perdido ocho quilos en nueve meses, y estaba estupenda. Quizá aún le sobraba un poco, pero nada que ver con lo de unos meses atrás. Y el médico parecía encantado en la última visita, señal de que había ido bien. Se alegraba mucho por ella. También la veía más segura de sí misma. Ya sólo con aceptar la posibilidad de que el hermano de Rafa estuviese interesado en ella, le parecía un claro avance. A Lorena no le había ido bien con los chicos, pero ella estaba segura de que el carácter inseguro de su hermana no lo ponía fácil.

Pensó en lo influenciable que era. Un año con su amiga Ester y su cuerpo había acabado con ocho quilos más, y un desorden total de vida. Había llegado ella y en un curso la había puesto de nuevo a flote. Aunque quizá... estaba siendo un poco presuntuosa. No quería subestimar a su hermana. Los estudios le habían ido siempre bien. Y era la única persona que conocía que mereciese su total confianza.

Al fin y al cabo ella misma había decidido consultar, y había acertado. Y después había perseverado en sus cambios. La verdad es que el mérito era de Lorena, ella sólo había actuado como elemento positivo. Decididamente, su hermana había tenido los arrestos suficientes para cambiar. Ella en cambio sólo había hecho lo mismo de siempre. ¿Seré muy rígida?, se preguntó con preocupación.

Adelaida

Adelaida andaba todo lo deprisa que era capaz por el pasillo de Urgencias. La habían enviado a la parte de Obstetricia. En cuanto su hijo la llamó, cerró el estanco y cogió el metro. Jesús no había sido muy explícito, pero ella estaba segura de que algo no marchaba bien. A Alba le quedaban dos semanas para salir de cuentas. ¡Dios mío, no!, ¡por favor, otra vez no! En los asientos de plástico distinguió a su hijo sentado, estaba con los brazos cruzados y tenía ambos pies apoyados en el suelo, sobre las puntas, moviendo las piernas en un rápido sube y baja. Era un gesto característico de Jesús cuando estaba impaciente.

- ¡Jesús, hijo!, ¿cómo no me has avisado antes? –le interrogó abrazándolo y rompiendo a llorar.

- ¡Mamá! –exclamó su hijo sorprendido por aquella reacción–. Vamos, cálmate.

- ¿Qué ha pasado? –preguntó Adelaida, ahora ya deshecha en llanto–, ¿qué ha ido mal?

- No pasa nada mamá –respondió Jesús–, Alba se ha puesto con contracciones esta madrugada y nos hemos venido al hospital. Ha estado unas horas en dilatación, la cosa iba para largo, por eso no quería despertarte. Después la matrona ha dicho que algo no iba bien, le han hecho unas pruebas, y la ginecóloga ha decidido hacerle una cesárea. Entonces es cuando te he llamado.

- ¡Ay Dios mío! –exclamó con los puños apretados en el pecho.

- ¡Pero mamá, no me pongas más nervioso! La médico ha dicho que todo iría bien. Sólo es una cesárea. Hacen cientos de ellas todos los días.

- Lo siento hijo –se disculpó, algo más calmada, sentándose en la silla que antes ocupaba su hijo, que crujió bajo su peso. Estaba fatigada–. Pero a la imaginación nadie puede pararla. He pasado tanto miedo.

- Todo va a ir bien mamá –dijo él cogiéndola de la mano–. Iba a coger un café de la máquina, ¿quieres una infusión?

- Sí, por favor – contestó la mujer, más aliviada - ¡Pero sin azúcar!

- Claro que sí mamá –le sonrió su hijo–, te lo has tomado en serio ¿eh?, ¿cuánto has perdido ya?

- Nueve quilos, hijo –respondió Adelaida risueña–, y el promedio del azúcar me ha bajado a ocho y medio. La doctora estaba muy contenta.

- Me alegro mucho. Voy a por el café.

Mientras Jesús echaba monedas en la máquina de bebidas calientes, Adelaida observaba a su hijo. Se sentía orgullosa de él. Le había dolido la distancia que había impuesto cuando empezó a salir con Alba, pero ahora pensaba que tendría sus razones. Todo había mejorado mucho entre ellos tres en las últimas semanas. No quería estropearlo.

- Toma mamá –dijo Jesús ofreciéndole un vaso de plástico humeante. Se sentó a su lado y tras unos minutos de silencio volvió a hablar–. Mamá, si vas perdiendo peso poco a poco, ¿es necesario que te operes?

- ¡Ay hijo! Yo no tengo muchas ganas de entrar en el quirófano, pero ¿tú sabes lo que me cuesta perder peso? Ya he bajado de los 100 quilos, pero casi no llego al metro y medio de altura. ¡Todavía me sobran una barbaridad! La nutricionista me ha aconsejado que vaya a la piscina.

- ¡Pero si tú no sabes nadar! –exclamó él perplejo.

- No, a nadar ni hablar. No puedo –empezó a decir Adelaida–. Además la doctora me dijo que para empezar a hacer ejercicio de verdad tendrían que hacerme una prueba… de esfuerzo, creo que dijo. Como he estado tan mal siempre del azúcar… por si tuviese algo de corazón. Me recomendó hacer actividades en la piscina pequeña, no sé cómo se llama eso en inglés.

- Acuagym debe ser –aventuró su hijo–. Alba hacía algo de eso durante el embarazo.

- Pues eso será, o algo parecido que hacen para gente mayor – aceptó ella, haciendo evidente su ignorancia sobre el tema–. Pero con todo eso no voy a perder lo que debería. Ahora lo tengo claro y sólo deseo que la lista de espera no sea muy larga, porque si no me voy a perder los primeros años de tu hija.

- ¡Pero qué tonterías dices mamá! –exclamó Jesús–, ¿qué tiene que ver una cosa con la otra?

- Bueno, yo sé lo que me digo –murmuró–. ¡Oye!, ¿y los padres de Alba?, ¿no vienen?

- No –contestó escueto Jesús mirando al frente–. Al final discutimos con ellos hace tres semanas. Ya te comenté que su padre estaba muy disgustado porque no estábamos casados y que pensaba que Alba era muy joven para tener un hijo.

- Pero se les pasara, ¿no? –deseó apesadumbrada la madre, cogiendo la mano de su hijo. Sintió una punzada de remordimiento por los celos que había tenido hacia su consuegra.

- ¡La ginecóloga! –exclamó Jesús poniéndose de pie y corriendo literalmente hacia ella.

Adelaida se levantó, apoyándose en el reposabrazos del asiento, y observó a su hijo hablando con la médico, mientras se acercaba con sigilo hacia ellos, sintiendo de nuevo que la preocupación crecía dentro de ella. Tras una corta conversación, vio que la doctora le dio un apretón en el hombro con la mano y se volvió de nuevo hacia la puerta por la que había salido. Su hijo se giró hacia ella con una sonrisa y le hizo señas para que se diese prisa en acercarse hacia él.

Magda

- ¡Hola! –exclamó alegremente Ascensión, la madre de Magda, abriendo la puerta de su casa de par en par–, ¡qué alegría! Un besito para la abuela –continuó, al tiempo que se inclinaba para besar a sus nietas.

- Hola abuela –saludó Fanny, la hija mayor.

- Hola abuelita –dijo Nadia, la pequeña, que entró alegremente arrastrando un enorme conejo de peluche–. Hola abuelo –se le oyó decir al entrar en el comedor.

- ¿Qué tal mamá? –preguntó Magda besando a su madre.

- Bien, hija –respondió Ascensión–. ¡Pasad!, no os quedéis ahí.

- Hola Ascensión –saludó Fernando, dándole dos besos a su suegra–, ¿cómo estás?

- Bien, hijo –respondió ella–, como siempre, ¿y tú?, ¿mucho trabajo?

- Pues sí –dijo Fernando caminando detrás de Magda hacia el comedor – Pero eso es lo que necesito...

- Y que lo digas –convino Ascensión cerrando la puerta y volviendo hacia la cocina–. Dejad las cosas en el comedor, que Martín os está esperando hace rato.

- Toma mamá –dijo Magda entrando en la cocina detrás de su madre– esto es un entrante, no hace falta calentarlo. Y he hecho la tarta que le gusta a papá, la dejo en la nevera.

- Siempre traes un montón de comida –le reprendió su madre dulcemente–, ¿te crees que no puedo ocuparme yo?

- Mamá, no empieces –respondió su hija en el mismo tono, al tiempo que observaba una vez más las manos de su madre, cada vez más deformadas por su enfermedad–. ¿Al final has hecho cordero?, ¡qué bien huele!

- Por supuesto, es el plato preferido de mi nieta mayor –afirmó satisfecha su madre, mirando el asado a través del cristal del horno–. Y de tu marido. Toma, sácale esta cerveza a Fernando y coge un botellín para tu padre –continuó Ascensión abriendo la nevera–. En la mesita pequeña he dejado algo de aperitivo. ¿Tú quieres cerveza o un refresco?

- Cogeré uno de esos sin azúcar –contestó, alejándose por el pasillo en dirección al comedor.

- ¿Tú comerás cordero? –preguntó Ascensión a Magda cuando ésta volvió a entrar en la cocina.

- ¡Claro! –respondió ella, mirando a su madre con sorpresa–. Ya sabes que me encanta.

- No sé hija, como llevas años tan rara con la comida… –afirmó, apagando el horno.

- ¡Mamá!, ¿qué dices ahora?, si yo como normal –respondió Magda un poco airada–. ¿Falta algo en la mesa?

- Lo que tú has traído y esos entrantes de la encimera –contestó su madre, señalando el banco de la cocina–. Ya he apagado el horno, ¿lo servimos después del aperitivo?

- Como quieras mamá, pero yo le saco unas mollitas a Nadia, con unas patatas –dijo Magda cogiendo con cuidado un trozo de cordero del horno–. Ella que vaya comiendo, que le cuesta dos horas por lo menos…

- ¿Qué quieres?, es como tú cuando eras pequeña –susurró Ascensión con nostalgia.

- ¡Pues menudo futuro le espera! –exclamó ella, buscando cubiertos para cortarle el codero a su hija pequeña.

- Magda, hija… –dijo Ascensión apenada–, ¿qué barbaridades dices?

- Nada… –respondió, entretenida en sacar pequeños trozos de carne– Fanny es como su padre, alta y atlética. Pero Nadia es más rechonchita, y le encanta el dulce. Ya veremos qué pasa cuando se haga mayor…

- ¡Pues no pasará nada! –exclamó su madre–. Tened un poco de cuidado y ya está. La niña está fenomenal, y bien guapa que es. Lo mismo que tú.

- Mamá, tú sabes bien lo que me ha costado mantenerme así —se dolió Magda, con el plato de su hija en la mano, preparada para sacarlo a la mesa.

- No, hija —contestó su madre tirando a la basura los restos que había dejado Magda en un plato—, no lo sé. Lo único que sé es que te he visto hacer tonterías durante años. Parecía que te peleases contigo misma, más que con los quilos. Y no querías escuchar a nadie. Por lo que me has dicho estos meses, pareces más moderadita. Pero yo no te veo comer habitualmente. Ahora estás mejor, pero hace poco, en el cumpleaños de Nadia, estabas un poco pasadita...

- Probablemente tengas razón —aceptó, apoyándose en el marco de la puerta, todavía sosteniendo el plato de Nadia en la mano—, si Fernando me ha reñido varias veces. Me obsesioné un poco, pero he recuperado dos quilos. Ahora me siento en un punto perfecto. Así es como quiero mantenerme. Y como muy bien, te lo prometo.

- No sabes lo que me alegra oírte decir eso —dijo Ascensión cogiendo con dificultad dos platos para sacar a la mesa—. Yo te veo ahora perfecta. Como antes de los embarazos.

- Mamá, esto huele fenomenal —aseguró Magda acercándose a la cara el plato que llevaba en la mano—. Vamos a sentarnos, y voy a llamar a Fernando, que nos ayude con los platos.

Álvaro

- ¡Madre mía! —exclamó Inés—, ya hemos pillado el atasco.

- Eso no es nada, mujer —respondió Vicente, restándole importancia— en una horita estamos en casa.

- ¡Una hora! —murmuró ella—, y estos tres llevan ya rato durmiendo —añadió mirando al asiento trasero—. Después no habrá quien los meta en la cama.

- Es lo que tiene salir el domingo al monte —dijo él, quitándole importancia.

- Tendríamos que haber salido antes —añadió Inés con fastidio.

- Eso díselo al marido de tu prima. Que nunca tiene prisa por volver.

- Al marido... y a la mujer —continuó en el mismo tono—, que Sandra no para nunca de hablar. Mira que la quiero, pero a veces me agota. Y su hermana, no te quiero ni contar. Pero yo con Tina nunca he congeniado mucho, ya lo sabes, ni de pequeña. Será porque es más mayor...

Estaba anocheciendo, y empezaba a lloviznar. Habían pasado un día agradable y los niños habían disfrutado enormemente en el río, viendo la presa y la multitud de peces que había en el pantano. Vicente se sentía relajado, y estaba más que acostumbrado a conducir.

- Ha salido buena la carne, ¿eh? —comentó Vicente para cambiar de tema. No tenía ganas de escuchar los rollos familiares de siempre—. Las barbacoas de ese sitio están muy bien, ya me lo había dicho Jaime, el del almacén.

- Sí, estaba buenísima —aceptó ella animándose—. Y con la salsita esa que he preparado...

- Has tenido éxito, la verdad —dijo Vicente con una sonrisa—, si es que eres muy buena cocinera. El pisto de Sandra también estaba muy bueno, todo hay que decirlo, y el pan ese que han traído, el rústico. Y la empanada de Tina también, aunque te pese.

- ¡No digas tonterías! –le cortó, irritada–. Una cosa no quita la otra. No es la primera vez que la pruebo, y cada vez le sale más buena. Y a tu hijo Álvaro le encanta, que la trajo en su último cumpleaños, ¿no te acuerdas?

- No –dijo Vicente con simpleza.

- Pues mi trabajo me ha costado contenerlo con la famosa empanada –añadió Inés con expresión de cansancio.

- A mí no me lo ha parecido –dijo el marido con despreocupación–. Yo veo muy cambiado al chico. Está más alto, más delgado y más fuerte. Y con muy buena actitud.

- Sí, si ya lo hemos hablado otras veces –dijo Inés–. Pero siempre tengo que estar ahí, vigilando.

- Pues no lo vigiles tanto –opinó Vicente–. No vas a estar siempre detrás, como una madre histérica. Tendrá que empezar a espabilar él.

- ¡Joder Vicente! –se quejó en voz baja, para que los niños no la oyesen decir tacos–, aunque te lo haya contado mil veces, no te enteras. Tú no sabes el trabajo que me ha costado cambiar las costumbres en casa. Si lo dejo ahora, volvemos al mismo sitio.

- Oye, no te enfades –dijo Vicente–, que sólo insinuaba que debías relajarte un poco, que ya empieza a tener edad de tomar alguna responsabilidad. Al fin y al cabo todo esto es bueno para él.

- ¡Es pequeño todavía!, y mírate a ti mismo –exclamó Inés, gesticulando con las manos–, ¡tomar responsabilidades!, si tú eres el primero que no lo hace, que no haces más que quejarte, que si no hay de esto, que si no hay de lo otro...

- ¡Manda cojones!, ya la he pagado yo –protestó enfadado, dando un golpe suave en el volante– ¡qué raro!...

- Reconoce que no has sido de mucha ayuda en esto... –manifestó Inés con ironía–. Si por ti fuera, estaríamos todos como un tonel, y tú tan contento.

- Que sí, que ya te lo he dicho muchas veces –continuó, en tono cansino–, que tenías tú razón... ¿Estás contenta? Y yo estaba equivocado... no pensaba que consiguieses mucho con eso del cambio de hábitos. Me parecían tonterías de los médicos, que parece que no tengan otra cosa que hacer.

- Vaya, pues gracias —aceptó Inés, un poco sorprendida por la actitud de su marido—. No me esperaba este cambio.

- ¿Te quito yo la razón cuando la tienes? —interrogó Vicente con inocencia— ¿eh?

- Tantas veces que ya he perdido la cuenta... —respondió la mujer algo divertida—, ¡menudo morro tienes!

- Eres injusta conmigo —continuó diciendo Vicente, en el mismo tono distendido—. Te estoy diciendo que eres un hacha, la gurú del cambio de hábitos. Móntate un garito en el barrio y nos forramos.

- Sólo con tu familia, ya tenía yo trabajo para un siglo... —soltó Inés mordaz.

- Qué faltona eres cuando quieres —dijo él contrariado—. Tú también estás cambiada, te veo... peleona, diría yo.

- No lo sabes tú bien —murmuró Inés por lo bajo.

- Mamá... —llamó Álvaro con voz somnolienta.

- Dime cariño —dijo Inés girándose hacia él.

- ¿Qué hay... —empezó a preguntar en medio de un bostezo—, ¿qué hay para cenar?

- Pues... —respondió Inés volviendo la cara de nuevo hacia delante, pensando en que no podía bajar la guardia ni un momento—, algo ligero, ¿vale?, que hemos comido mucho hoy...

Como su hijo no le respondía, Inés volvió a girarse y vio que Álvaro se había dormido de nuevo, probablemente sin haber oído su respuesta. Entonces miró a su marido que, deteniendo el coche por la caravana, le devolvió la mirada levantando las cejas.

- Es lo que hay —dijo Vicente escuetamente.

- Pues que sepas que no me voy a rendir — respondió ella con determinación.

7 | En disposición de perseverar

Juan

A Juan todavía le costaba creer que no fuese un sueño. No sabía si el sueño era su vida anterior, o por el contrario la actual. Tenía miedo de despertarse en cualquier momento y descubrir que el último año de su vida era imaginario. ¡Sería tan cruel! Por las mañanas, después de afeitarse, se golpeaba suavemente la cara con temor de salir de ese sueño feliz.

Después se miraba el torso desnudo en el espejo, todavía tenía tetas, pero más reducidas, y el abundante vello canoso las disimulaba bien. Lo que más le desagradaba eran las estrías que le habían quedado a ambos lados del abdomen. Sin embargo, pensaba que era un precio que pagaba gustosamente. Su barriga seguía estando abultada, pero ¡nada que ver con la de hacía un año! y la hernia del ombligo tenía muy buen aspecto. No pensaba operársela por nada del mundo. Ya había quedado saturado de médicos. Había conseguido perder ocho quilos más en los últimos seis meses, contra todo pronóstico. En total, ¡veintinueve quilos! Ya no conseguía adelgazar más, pero estaba encantado. Su objetivo actual era mantenerse.

Pedaleaba en silencio, pensativo, mientras seguía de cerca a Adela, por el camino que bordeaba el estanque artificial del parque. Todavía se fatigaba un poco si apretaba el ritmo; el pasado de fumador, se decía a sí mismo. Le impresionaba enormemente lo poco que sudaba ahora. Antes llegaba a la oficina con la camisa empapada en sudor, sólo por subir una escalera. Siempre iba secándose la frente con el pañuelo, y eso le avergonzaba, sobre todo cuando tenían reunión de trabajo a primera hora de la mañana y él aparecía jadeando y sudoroso como un motor viejo. Intuía que sus compañeros le trataban de otra manera en los últimos tiempos. Al principio lo atribuyó con rencor a que su aspecto físico había mejorado. Ahora era consciente de que no eran ellos los que habían cambiado, sino él.

Acostumbraban a ir al parque los fines de semana, si no llovía. Era un sitio agradable, no excesivamente grande, artificial, pero dentro de la ciudad, no se podía pedir más. Había comprado unas sujeciones especiales para transportar las bicis en el coche. También había tenido que renovar todo su vestuario, pantalones, camisetas, hasta las zapatillas le quedaban grandes, se le habían deshinchado los pies de forma espectacular. ¡Parece mentira!, musitó.

Adela se paró junto al estanque y se quedó inmóvil observando a los patos. Él se detuvo un par de metros detrás de ella y observó una vez más su silueta. Llevaba unos ceñidos pantalones de ciclista, él se había negado en rotundo a ponérselos, todavía conservaba su decoro. Adela había perdido unos quilos desde que empezó a hacer ejercicio y estaba estupenda. Claro que no estaba como cuando era joven, pero sus muslos y nalgas habían recuperado firmeza... y también ambos habían recuperado su vida sexual. Lo había echado tanto de menos que se había dedicado a enterrarlo profundamente en sus recuerdos. No era como cuando eran jóvenes, no, ni tan frecuente, claro que no. Pero en cierto modo era mejor, más pausado, sin prisas, sin metas. Ya no quería demostrar nada a nadie.

Y por primera vez durante aquel año dio las gracias, y bendijo el día en que había tenido el accidente, y el destello de esperanza que le siguió después. Cuando Adela se giró hacia su marido y vio sus ojos perdidos supo lo que estaba pensando, lo supo con una profunda convicción. Y también dio las gracias.

Laura

Hace dos meses que Daniel me invitó a un concierto. En este tiempo hemos salido a comer, a cenar, al cine, al teatro, me ha regalado flores... Temí que empezase a cansarse de intentarlo. Hasta anoche no entendí que me estaba dando tiempo. Tiempo para decidirme. Tiempo para creérmelo. Es tímido. Creo que ayer estaba casi tan nervioso como yo. Bueno tanto como yo es imposible. Fue tan tierno. Tan caballero. Cuando me invitó a subir a su casa no pude negarme. Es lo que yo deseaba. Y me permití ese lujo. Y fue increíble. Él dejó la luz encendida. Y yo la apagué. Él la volvió a encender. Yo me sentía demasiado expuesta. Mi desnudez todavía me provoca inseguridad. Pareció entenderlo, y finalmente dejó sólo la luz del pasillo.

Ahora estoy en su cama y él duerme plácidamente a mi lado. Yo no puedo dormir. Estamos pared con pared con el piso de mi madre. Suerte que su habitación está en el otro lado de la casa. Espero que no nos haya oído. Qué vergüenza. Pensaría que soy una zorra. ¿Y qué? No me importa lo que piense. Me da igual que nos haya oído. No es asunto suyo. Es mi vida. Ojalá nos hubiera oído. Desearía que nos hubiese oído, y que nos hubiese visto. Bueno, eso no.

Ha pasado un año. Ya ha pasado todo un año. Como dijo Merche. Qué lista es. Y la edad... Supongo que la edad te da ese tipo de sabiduría. Pero no a todos. No, a todos no desde luego. Mira mamá. En este tiempo mi vida ha cambiado más que en los diez años anteriores. Ya era hora. He trabajado mucho durante este tiempo. Y me he esforzado mucho. Quizá ésta sea mi recompensa. He empezado enfermería. Me encanta. Soy como la hermana mayor de mis compañeros. Me da igual. Me invitan a sus fiestas, pero me da vergüenza ir. Son estupendos. Tan jóvenes. Sin preocupaciones. Pero yo también soy joven, aunque a veces me siento mayor.

Mi cuerpo también ha cambiado. De forma espectacular. He perdido 20 quilos. Todo lo que había ganado en los cuatro años anteriores. Y con el ejercicio me siento más esbelta y flexible. Sigo teniendo sobrepeso, pero ya no me obsesiona. Siento que he recuperado mi cuerpo. Mi cuerpo y mi vida. Y me siento feliz. Bueno, todo lo feliz que me permito ser.

También ha cambiado mi mente. Ahora sé que soy mi mejor aliado, y estoy aprendiendo a no castigarme. Sé que puedo dejar de castigarme. Poco a poco he aprendido a dejar de hacerlo, con ayuda. ¿Pero seré capaz de mantenerlo? ¿Qué pensaría Daniel si conociese mi vida previa? ¿Me despreciaría? Dijo que yo le gustaba desde que me conoció, desde que alquiló este piso hace un año y medio, pero que yo le resultaba esquiva e inaccesible. ¿Cómo podía gustarle si no me conocía? ¿Cómo podrá quererme cuando me conozca? Quizá deba contárselo. No, no seré capaz. ¿Pero cuánto tiempo podré ocultárselo? ¿Y si una noche me sorprende en la cocina comiendo a escondidas? ¿Y si me encuentra vomitando en el lavabo?. No, eso no pasará. No ha ocurrido desde hace siete meses. ¿Por qué tendría que volver a pasar? Pero quizá sea mi naturaleza. Mi forma de reaccionar ante la frustración. A lo mejor vuelve a suceder...

No puedo dormir. Estoy demasiado excitada. Él duerme a pierna suelta. Se le ve relajado. Qué suerte. Aunque él también ha debido de pasar lo suyo. Nunca habla de ello, pero lo intuyo. Ahora parece estar bien. Quizá ya haya obtenido lo que quería y ya no vuelva a verlo. No, él no es así. No perdería el tiempo conmigo si no quisiera algo más. El día del concierto dos de sus amigas se insinuaron descaradamente, pero él no pareció enterarse. Fue tan atento. Tengo que contárselo todo. Se lo contaré. En cuanto se despierte. O más tarde, no quiero impresionarlo recién levantado. Pero se lo contaré.

¿Qué pensará mamá?. Él es un poco mayor que yo. Y con una hija pequeña. No lo verá bien. Dirá que no es adecuado para mí. En realidad pensará que es demasiado bueno para mí. Siempre mamá en mi pensamiento. A papá le gustaría. Se lo llevaría a pescar, al pantano de su pueblo. Daniel iría aunque no le gustase. Sería incapaz de ofenderlo. Es tan educado. Se lo contaré, pero no inmediatamente. Le invitaré a comer, junto a la playa. Allí se lo contaré. Con el mar de fondo.

Berta

- Fíjese Berta, ya ha pasado todo un año –le dijo el médico–. No confiaba usted en llegar hasta aquí, ¿verdad?

- Si le soy sincera doctor, la verdad es que no. Ni confiaba en mí, ni confiaba en usted –respondió Berta–. No se lo tome a mal.

Julián se removió incómodo en la silla, parecía que su mujer tenía ganas de pelea, y eso que últimamente estaba contenta.

- Lo sé, lo sé... –aceptó el médico, comprensivo–, estoy acostumbrado a ver personas en una situación parecida.

- También le he de decir que estoy contenta con la evolución que he tenido en estos meses –continuó Berta–, aunque es menos de lo que me esperaba. Pero no me quejo.

Julián respiró aliviado. Seguramente no habría pelea.

- ¿Qué le hubiese gustado?

- Pues haber bajado más de peso, como en otras ocasiones, y en menos tiempo.

- ¿Cuánto había perdido usted otras veces?

- Hace siete años adelgacé 20 quilos en unos cuatro meses –respondió Berta, orgullosa de sí misma.

- ¿Y cuánto tardó en recuperarlos?

- Pues... –comenzó a decir Berta, un poco contrariada con la pregunta.

- Al año ya estaba como al principio –intervino Julián–. O con más peso incluso.

- ¿Y por qué cree usted que recuperó tan deprisa todo lo que había perdido? –continuó el médico.

- Pues no lo sé... ¡no iba a estar toda la vida haciendo esa dieta! –Berta estaba ahora francamente irritada.

- Efectivamente. Ese es el problema –explicó él–. Usted introdujo una medida para perder peso muy restrictiva, por lo que bajó rápidamente. Pero esa medida tan restrictiva no era posible mantenerla durante mucho tiempo.

- ¡Yo hice lo que me dijeron!, ni más ni menos —replicó ella.

- Ya lo sé —aceptó el doctor, levantando las manos en son de paz— pero, ¿no entiende usted que si después vuelve a sus hábitos previos, recupera todo lo que había perdido?

- Sí, ¡y vuelta a empezar! —exclamó Berta.

- Actualmente, ha adelgazado 14 quilos, en poco más de un año —continuó diciendo el médico—. Sigue teniendo un índice de masa corporal de 31'6, es decir todavía tiene una obesidad, pero claramente está mejor que al principio, que era de 37'5. Pero no sólo es eso, camina mejor y ahora tiene un control excelente de la tensión arterial...

- ¡Pero usted no me quita los medicamentos! —protestó Berta con una mueca de disgusto.

- ¡Claro que no! —recalcó él, contundente—. Es que ahora está bien controlada, antes no. Y la hormona tiroidea es para toda la vida, aunque he tenido que reducirle un poco la dosis, probablemente por la pérdida de peso.

- Pero, ¿entonces voy a poder bajar más o no? —interrogó ella inquisitivamente.

- A eso se puede contestar usted misma —respondió el médico con expresión de inocencia—. En los últimos seis meses ha perdido cuatro quilos. No es mucho, pero piense, que hasta hace un año usted ganaba una media de dos quilos anuales. Ahora en cambio, ha invertido esta tendencia. Yo no creo que pueda usted bajar mucho más peso, pero lo más importante es consolidar lo que ha conseguido hasta ahora, y no volver a recuperarlo. Si mantiene los hábitos que ha adquirido en este último año, podríamos esperar que adelgazase algo más, pero a largo plazo.

- Es decir, ¡que esto es para toda la vida! —exclamó Berta, apretando el bolso entre los brazos.

- Pues de alguna manera sí... —afirmó el hombre, asintiendo lentamente con la cabeza—. ¿Usted está cómoda con su relación actual con la comida?

- ¡Hombre, si lo plantea así! Cómoda no es la palabra —continuó, en el mismo tono irritado de antes—. Yo disfrutaba más antes, pero comprendo que era perjudicial para mi salud.

- De acuerdo, lo plantearé de otra manera, ¿se ve usted capaz de mantener lo que está haciendo ahora?

- Sí... —se aventuró a responder Berta— no me cuesta un gran esfuerzo. Sólo que por las tardes picaría algo, lo que a mí me gusta de verdad. ¡Pero no lo haré!, ahora lo tengo claro.

- No se preocupe doctor, que no volveremos a lo de antes —añadió Julián—. Está mucho mejor en varios sentidos. No sólo la tensión y el caminar, también su estado de ánimo, se siente con más vitalidad, menos malhumorada. ¡Si hasta bailó conmigo en Palma!

Berta golpeó a Julián en el muslo con el borde de la mano. Se había sonrojado, y ella no acostumbraba a hacerlo. Pero interiormente reconocía que todo eso era verdad.

Leo

- ¡Pero tía, qué guapa te veo! –exclamó Pilar abrazando a Leo–. ¿Cómo estás?

- Genial –respondió, levantándose de su asiento–. Tú también tienes un aspecto fantástico, ¿qué te has hecho en el pelo?

- Me lo corté al poco tiempo de llegar a USA. Me dio por ahí. Y me gusta. Ahora ya lo llevo largo, no creas –dijo Pilar sentándose en la terraza del bar donde había quedado con Leo.

- Bueno, ¡cuéntame!, ¿cómo te ha ido por allí? –continuó Leo excitada– ¡Me tienes que explicar seis meses de tu vida!, ¿quieres tomar algo?

- ¡Pero si ya te lo he contado todo por mail! –exclamó la otra, estirando las piernas por debajo de la mesa.

- ¿Va a tomar algo? –preguntó el camarero a Pilar.

- Una cerveza, por favor.

- ¡Da igual! –insistió Leo, ignorando al camarero–. Vuélvemelo a contar.

- Es la mejor decisión que he tomado en mi vida –comenzó–. Cuando me salió la oportunidad de esta beca, estaba asustada, ya lo sabes, por lo del inglés... y por irme lejos. Pero ha sido genial. Un poco duro al principio, hasta que empiezas a conocer a la gente y te acostumbras a la rutina.

- Me alegro mucho por ti. Te he echado de menos –dijo Leo mirando fijamente a su amiga– ¡Podías haber venido en Navidad, tía!

- Esa era mi idea... –respondió Pilar encogiéndose de hombros–, pero el avión vale una pasta, y no quería pedirle dinero a mi padre.

- Yo podía habértelo prestado...

- ¡Pues tampoco quería pedírtelo a ti!, ¡ni a nadie! –exclamó ella incorporándose en la silla–, no empieces a amargar con el dinero...

- Vale, vale –Leo levantó las manos en señal de tregua–, ¿y al final qué pasa con la tesis? –añadió cambiando de tema.

- ¡La leeré en dos meses! –dijo Pilar emocionada–, me acaban de aceptar el último artículo para publicar y ya lo estoy organizando todo.

- ¡Es estupendo! –casi gritó su amiga, abrazándola–, ¿y lo de la plaza?

- Bueno, eso ya está más difícil –contestó Pilar ensombreciendo el rostro–. Con la tesis, los años de becaria y la estancia en el extranjero tendré una buena puntuación. Pero hay que esperar a que las convoquen... y hay mucha competencia. Hay gente muy buena por ahí.

- Seguro que nadie es tan bueno como tú –intentó animarla Leo.

- ¡No me agobies ahora con eso! –exclamó, sonriendo de nuevo–. ¿Y tú qué tal? ¿cómo te va todo? En los correos yo te contaba toda mi vida y tú me decías bien poco.

- Es que eras tú la que tenías muchas cosas nuevas que contar. Mi vida aquí ha seguido más o menos igual que antes. Mucho curro, y eso es bueno.

- ¿Y lo del ascenso? –preguntó Pilar, después de dar un buen trago a su cerveza.

- Todavía no está claro –respondió levantando una ceja– la junta creo que duda entre Gonzalo y yo. Eso me comentó Paqui. Supongo que Gonzalo lo tiene más fácil, lleva más tiempo que yo en la empresa...

- Sí, pero la que mejor resultados obtiene eres tú –afirmó su amiga, orgullosa–. Seguro que te lo dan a ti. Por lo que me explicas siempre, Gonzalo es un poco papanatas.

- No es eso –negó Leo cerrando los ojos– es buen tío, pero en mi opinión le falta empuje... le falta sangre para dirigir el departamento. Y yo quizá sea demasiado joven para el puesto...

- ¡Qué dices! Estás perfectamente preparada. Irradias responsabilidad y seriedad –dijo Pilar irónica, imitando la postura erguida de Leo en la silla.

- ¡Vete al cuerno idiota! –exclamó, riendo.

- Te lo digo en serio, no sé, estás... cambiada —insistió Pilar, observándola con detenimiento.

- Pues tú... no te quiero ni contar. Y con ese pelo... —ahora era Leo la que atacaba en broma a su amiga.

- Pues si no te gusta es tu problema —respondió, fingiéndose enojada—. Insisto, te veo muy bien, estás guapa y... no sé, se te ve centrada y segura. Te darán el ascenso a ti, ¡seguro!

- No sé, no quiero hacerme muchas ilusiones. Pero, sinceramente, me siento capaz de hacer bien ese trabajo, sé que puedo hacerlo. ¡Quiero ese puesto, qué coño! —empezó a elevar la voz—. ¡Como se lo den a Gonzalo me da una apoplejía!

- ¡Vale tía! Ya va saliendo la Leo que yo conozco —dijo la otra con alegría—. Tranquila, ya no te pregunto nada más sobre el trabajo. ¿Y por lo demás, qué tal?... ¿Cuánto peso has perdido?

- En total diez quilos, no es mucho... —contestó, aparentando cierta decepción.

- ¡Se te nota mogollón! —exclamó Pilar, un poco enojada por la actitud de su amiga—. Te veo genial. Pero parece que hayas perdido más.

- Será por el gimnasio. Voy por lo menos cuatro días a la semana, y algún sábado también.

- ¡Tía! ¿no te habrás vuelto adicta? —preguntó alarmada.

- No, no es eso —respondió Leo con una risa discreta—. Es que me gusta, y además... veo a Roge.

- ¿Quién es Roge? —preguntó Pilar sin evitar demostrar una tremenda curiosidad.

- Un instructor del gimnasio... —respondió, con la intención de provocar más su curiosidad.

- Pero... ¡no me habías dicho nada! —exclamó Pilar golpeando a su amiga en el hombro con el dorso de la mano.

- Bueno... hemos salido unas cuantas veces —admitió Leo en el mismo tono enigmático.

- Entonces, ¿vas en serio? —preguntó, cada vez más interesada.

- No sé, todavía es pronto –respondió Leo recuperando la seriedad–, quiero ir despacio… No quiero precipitarme como con Joaquín.

- Joaquín era un imbécil –Pilar acompañó la frase con una mueca de desagrado–. ¡Oye!, ¿qué nombre es Roge? –continuó, cambiando completamente la expresión.

- Rogelio –aclaró con resignación.

- ¡Rogelio! –Pilar empezó con su escandalosa risa–. ¡No conozco a nadie de menos de 70 años con ese nombre!

- ¡Tú eres tonta! –dijo Leo a medias entre el enfado y la risa, su amiga siempre le contagiaba las carcajadas–. Pues a mí me gusta.

- ¡Ya! –la respuesta sólo consiguió aumentar la hilaridad de Pilar–. ¡Bah! Levanta y vamos a comer algo a otro sitio, y me cuentas todo sobre "Roge".

Germán

- ¿Te has probado el traje? –le preguntó Eva a Germán después de acostar a las gemelas.

- Sí, yo creo que me queda bien –respondió, al tiempo que sacaba la cena del horno– pero me parece que me pondré la otra corbata.

- Quizá sí... –murmuró ella dubitativa–. Sí, para la comunión quedará mejor la otra. ¿Seguro que te está bien de cintura? –le interrogó con expresión de estar poco convencida.

- Sí, quizá me sobra un poco, pero estoy cómodo con el cinturón – aseguró Germán–. Pásame los platos, por favor.

- Pues no lo entiendo, yo creo que desde que te lo compraste has bajado más de peso. Hace ya por lo menos seis meses, ¿no fue para la boda de tu sobrina?

- Sí, pero desde entonces no habré perdido más de dos quilos, estoy bastante estabilizado. Saca el agua de la nevera –Germán sirvió los platos en la mesa de la cocina y se sentó–. Lo que sí he notado es la disminución de la cintura, pero no creo que haga falta llevar los pantalones a arreglar.

- Pues fenomenal –dijo ella, sentándose también a la mesa–. Estoy cansadísima hoy. Ceno y me acuesto.

- ¿Has tenido mal día? –preguntó cortésmente.

- No, mal día no –contestó Eva frotándose los ojos con las yemas de los dedos–, pero desde que somos dos, no nos acabamos el trabajo.

- Últimamente estás muy cansada –afirmó él con cierta preocupación.

- ¡Pero si no paro Germán! –exclamó apartando el plato, señal de que tampoco iba a cenar esa noche.

- ¿No vas a comer nada?

- Es que no tengo hambre, me tomo un vaso de leche y me acuesto.

- No puedes seguir así. ¿Por qué no hablas con el médico de cabecera? –insistió Germán–. Deberías hacerte unos análisis, siempre tiendes a estar anémica.

- Sí, ya lo había pensado –aceptó Eva mientras calentaba la leche en el microondas–. Llevo unos meses con las reglas muy abundantes. Pero es que además en el trabajo tenemos mucho agobio y al llegar a casa siempre hay cosas que hacer, y eso que tú te encargas de llevar a los niños a las actividades.

- Lo que deberíamos hacer es aumentarle a Rosario las horas que viene a limpiar, ya lo hemos comentado algunas veces. Podría planchar por las tardes. Y tú deberías sacar algún tiempo durante la semana para hacer algo de ejercicio, a la larga te encontrarás mejor, ya lo verás.

- ¡Ejercicio! –exclamó ella mirando asombrada a su marido–, pero si no puedo con mi alma.

- Pues primero hablas con el médico, te haces los análisis, que te dé lo que te tenga que dar y después decides qué actividad física quieres hacer y organizamos las horas con Rosario.

- A ti te ha dado fuerte con el deporte, ¿eh? –murmuró Eva apurando el vaso de leche–. Quién te lo iba a decir a ti hace un año.

- Pues sí, lo reconozco –reconoció él con humildad–. Ojalá hubiese empezado antes. Y tú eras la primera en insistirme en que debía cambiar, pero para ti no te aplicas la misma medicina.

- ¡Pero si a mí no me sobra peso! –exclamó con gesto de hastío.

- Ya lo sé –continuó Germán sin elevar la voz, no tenía intención de discutir con su mujer, pero tampoco quería dejar de decirle lo que pensaba–. No es cuestión de peso únicamente. Tienes malos hábitos de comidas, aunque tu problemas es que cuando estás nerviosa comes poco. Y crees que como no te sobran quilos no tienes por qué hacer ejercicio, pero no es así. Nos explicaron que las recomendaciones sobre la actividad física eran para todos, y estoy seguro de que te encontrarías mejor.

- Germán –le interrumpió Eva apoyando la cabeza en su hombro–. ¿Por qué no continuamos hablando mañana?, me quiero acostar.

- Está bien –contestó Germán apiadándose de su mujer–, pero piensa un poco sobre lo que te he dicho. Tú me insistías para cambiar, porque yo tenía un problema que no era capaz de ver. Ahora eres tú la que no quiere reconocer que el ritmo que llevas no lo podrás soportar mucho más tiempo, y que deberíamos plantearnos cierta reorganización. Es lo mismo que tú me decías con lo de la piscina y llevarme la bolsa al trabajo, y que tú me recogías al mediodía, sólo que ahora el punto de cambio se centra en ti.

- De acuerdo – dijo, levantándose y dándole un beso en la mejilla – Buenas noches. ¿Te importa acabar de recoger tú la cocina?

- No te preocupes. Buenas noches, descansa.

Lorena

- ¡Bah! Lentorra —espetó Ester a Lorena—, saca el hielo. Al final, ¿tú quieres cubata o no?

- Venga —aceptó, rebuscando en el congelador—. Whisky con cola, pero poco whisky y cola light.

- ¡Señor, sí, señor! —bromeó Ester, sacando las botellas de licor de un armario de la cocina.

- ¿A qué hora has quedado con Tono? —preguntó Lorena, ayudándole a sacar vasos.

- A las once, tiene cena del equipo de rugby —respondió la otra, colocando hielo en los vasos vacíos—, ¿Vero qué quería?

- No lo ha dicho. ¡Vero! —gritó en dirección a la puerta de la cocina.

- ¿Qué? —dijo Vero, entrando en la cocina.

- ¿Qué vas a tomar? —preguntó Ester mientras servía su copa y la de Lorena.

- Hummm.... ¿queda ginebra? — dijo Vero indecisa.

- Poca, pero sí —respondió Ester levantando la botella hacia la luz.

- Pues un gin-tonic —se decidió, dando a entender que le daba igual una cosa que otra—. Lo que no sé es cómo estará el limón, igual se ha podrido —añadió, abriendo la nevera.

- ¿Tu prima qué bebe? —preguntó Lorena a Ester, poniendo los vasos en una bandeja.

- Ni zorra idea —murmuró, arrugando la nariz—. Es un poco muermo, igual no bebe. Pregúntale, estaba acabando de arreglarse... si eso es posible —añadió con crueldad.

- ¡Como te pasas tía! —dijo Vero mientras cortaba una rodaja de limón para su combinado—, tu prima es guapa...

- ¡Hombre! Guapa, guapa... —dudó Ester dándole un sorbo a su copa— Tiene aspecto de nadador de competición. Y con ese pelo...

- ¡Qué! —exclamó la otra un poco ofendida—. Tía, parece mentira que sea tu prima. Pensaba que te alegraría que viniese este año a vivir aquí.

- ¡Qué dices! —exclamó Lorena—. Si lleva dándome el coñazo con este tema desde agosto.

- ¡Ay! —se quejó Ester—. Es que cuando me preguntó mi tía si teníamos sitio en el piso para una más, me quedé flipando. Siempre ha sido un poco lela, aunque parece ser que los estudios le van de coña.

- Bueno —se decidió Lorena, saliendo al pasillo— voy a preguntarle, que se va a derretir el hielo.

- En estas tres semanas que lleva aquí, parece una buena tía... —dijo Vero probando su bebida— a mí me cae bien.

- Sí —reconoció Ester—. Está algo más espabilada. Pero de pequeña era mortal, tímida hasta lo patológico.

- Yo es que nunca la he visto por el pueblo —añadió un poco sorprendida.

- Iba al otro instituto —le aclaró—, y yo creo que nunca salía por la noche. Hoy debe de haber accedido porque tú te has empeñado en celebrar el inicio del curso.

- Algo de limón —dijo Lorena entrando en la cocina, e inmediatamente cogió un vaso y empezó a ponerle hielo.

- ¿Y de alcohol? —preguntó Ester burlona.

- Ha dicho que no —respondió, sacando de la nevera una botella grande de refresco.

- Pues yo le pongo un chorro de vodka —dijo Ester maliciosamente—. Si de esto no bebe nadie, que lleva aquí dos años ya.

- ¡Tía!, no te pases —se rió Lorena, tapando el vaso con la mano—. ¡Qué lo va a notar!

- Quita, quita —insistió la otra, intentando apartar la mano de Lorena entre risas.

- ¡Oye! —exclamó Vero, contagiada por la risa—. Que se nos va a hacer tarde. Déjale que le ponga un chorrito —le dijo a su hermana—, igual le gusta...

- Estáis locas tías —dijo Lorena, sin poder dejar de reír al ver a Ester poniendo el licor en el vaso de Sole—. Si se pone pedo, la traéis vosotras a casa.

- ¿Cómo se va a tajar por este chorrito? —exclamó Ester probando la mezcla—. Está bueno, no se nota mucho.

- Guardo el hielo y nos vamos al comedor —comentó Vero abriendo la nevera.

- No lo guardes muy lejos... —pidió Ester, que ya tenía su vaso a medias.

- Hola —saludó Sole en el vano de la puerta.

Las tres la miraron con sorpresa, se había maquillado discretamente y llevaba espuma en el pelo, dándole aspecto de mojado. Resultaba atractiva. Ester pensó que, con lo alta que era, necesitaría de pareja a alguno de los del equipo de rugby.

- Coge tu vaso y vamos al comedor —la animó Ester, riéndose de nuevo, señalando la bebida que acababa de preparar.

- ¡No! —exclamó Lorena—, sacad la bandeja, que luego la mesita se queda hecha un asco.

- Vale —aceptó Ester complaciente, saliendo de la cocina con la bandeja.

Las cuatro se sentaron en el sofá y la butaca del comedor, y cogieron cada una su bebida. Lorena y Ester encendieron un cigarro. Sole tosió discretamente, y Ester puso cara de resignación mirando a Lorena.

- Tú no bebas mucho, que con lo que has cenado... vas a coger un pedal —advirtió Ester a Lorena.

- ¡Qué dices tía! —repuso ella espirando el humo con fuerza—, si hemos comido prácticamente lo mismo. Yo ya ceno normal, menos el helado ese de mora, asqueroso...

- ¿Estás a régimen? –preguntó Sole con una mezcla de timidez y sorpresa, con su vaso intacto en la mano.

- ¿A régimen? –dudó ella–. No... bueno, o no me he sentido así. Lo que pasa es que el primer año me puse como un tanque. Estaba sola con tu prima y comíamos como cerdas.

- ¡Tía! –exclamó Ester tras apurar su vaso–. Habla por ti, que siempre comías el doble que yo.

- Bueno –continuó Lorena sin hacer caso de Ester, apagando el cigarrillo en un cenicero lleno de colillas–, la cuestión es que me puse ocho quilos encima.

- Pues nadie lo diría –comentó la otra incrédula–. Ahora estás fenomenal, ya me gustaría... –añadió mirando primero a Lorena y luego a su escote, dejando entrever el complejo que le provocaban sus anchos hombros, y su escaso pecho– ¿Y cómo lo has hecho?

- ¿Alguien quiere otra copita? –ofreció Ester, poniéndose de pie–. Tenemos el tiempo justo, y así ahorramos, que por ahí pegan unas clavadas...

- No –contestó Vero, que estaba un poco ausente, levantando su vaso medio lleno.

- Yo tampoco, gracias –declinó Lorena–. Pero si tú no estás gorda... – añadió extrañada, dirigiéndose a Sole.

- Ya, no... –contestó ella ruborizándose–. Pero soy muy ancha... de hombros, y las caderas...

- ¡Pues nada! –exclamó Vero, reincorporándose mentalmente a la reunión y tomando otro sorbo de su bebida–. Todas a correr por las mañanas.

- ¿Vais a correr? –preguntó Sole gratamente sorprendida.

- ¿Pero no te has enterado? –interrogó Lorena asombrada–. Si ya llevas tres semanas viviendo aquí.

- Pues no –respondió Sole, ruborizándose de nuevo.

- ¡Ala! –dijo alegremente Ester, sentándose con otro cubata, un poco achispada–. Todas a correr por el campus. Las cuatro locas del Apocalipsis.

- Son cinco –corrigió Vero, que no salía de su ensimismamiento.

- ¿Qué? –preguntó Ester perdida.

- Nada –contestó Vero, acompañando la frase con un ademán.

- ¿Y has bajado todo el peso que ganaste? –preguntó Sole con interés.

- Más o menos, en un año he perdido nueve quilos –respondió contenta Lorena–. Ahora estoy estable, pero he rebajado prácticamente todo el almohadón que se me había puesto aquí –dijo señalándose la cintura–, y creo que, además de controlarme con la comida, es por ir a correr.

- Chicas –interrumpió Vero–, o nos vamos, o me quedo sobada en esta butaca.

- ¿Te encuentras mal? –preguntó Lorena a su hermana con preocupación.

- Es que echa de menos a su Nacho –dijo Ester con impertinencia.

- ¡Vete a la mierda! –soltó Vero poniéndose de pie– ¡Bah!, vámonos ya.

- ¡Pero si tengo la copa casi llena! –exclamó Ester con un mohín de fastidio.

- Te la pones en un vaso de plástico –le contestó Vero–. Si ya son las diez y media.

- ¡Venga pues! –voceó Ester poniéndose también de pie– ¡A la fiesta!, ¡Ah!, espera, que Sole tampoco ha terminado su copa, se la pongo también en un vaso de plástico y por la calle se lo toma…

Adelaida

- ¿Ves?, y después de poner la verdura lo remueves bien, y ya lo dejas que se vaya cociendo a fuego medio –le explicaba Adelaida a Alba–, si hierve mucho lo bajas un poco.

- Pues entonces es parecido a como lo hacían en mi casa – respondió Alba con prudencia, no quería que su suegra se sintiese ofendida.

- ¡Claro hija! –exclamó la otra, sentándose en una silla de la cocina de la casa de su hijo–. Es que he hecho un cocido sencillito, porque es para la niña. Si hubieses visto el caldo que hacía mi madre en el pueblo... Mi padre decía que se podían sellar las grietas de las paredes con él.

La joven rió de buena gana imaginándoselo. Sin preguntar a Adelaida se puso a prepararle una infusión y un café para ella. Su suegra había empezado a ser una figura imprescindible en su vida desde que nació la niña. Ya hacía seis meses, ¡cómo pasaba el tiempo! Cada tarde Adelaida dejaba a Sonia en el estanco y se iba a cuidar a su nieta, de esa manera ella había podido buscar un trabajo de media jornada, que falta les hacía su sueldo.

Pero no sólo era eso. Había sido una consejera esencial, cuando le daba de mamar, con las grietas de los pechos, con el cordón umbilical, cuando el bebé lloraba desconsoladamente... La mujer siempre tenía un remedio del pueblo para todo. Y lo más importante, tenía la capacidad para tranquilizarla cuando a ella le parecía que todo era un desastre. Adelaida estaba haciendo el papel que le correspondía a su madre.

Las cosas no habían mejorado mucho en los últimos meses. Su padre seguía negándose a verles, y su madre había visto a la niña en contadas ocasiones. En su interior sabía que su padre se escudaba en que no estaban casados, pero el problema real era que Jesús tan sólo era un empleado sin formación. Indigno de la hija de un prestigioso abogado. Además, con el embarazo, ella había dejado sus estudios en la Universidad y, para colmo, después se había puesto a trabajar. Con esos pensamientos, Alba no pudo evitar que le saltasen las lágrimas.

- ¡Pero hija!, ¿qué te pasa? – preguntó alarmada Adelaida, levantándose de la silla y cogiéndola de las manos.

- No es nada –respondió ella avergonzada–. Ya se me pasa.

- ¿No será por el cocido, verdad? –preguntó con preocupación.

- No, claro que no –negó Alba sin poder dejar de sonreír al tiempo que lloraba. Adelaida a veces le parecía tremendamente simple, aunque en otras ocasiones le sorprendía su agudeza.

- ¡Déjalo! –le dijo Adelaida con autoridad–. Siéntate, ya acabo yo de prepararte el café–. ¿Tienes problemas en el trabajo?

- No, de verdad. Me va bien –respondió, ya prácticamente repuesta.

- Es normal que estés agobiada, con una niña tan pequeña. Y el trabajo. Y Jesús tantas horas fuera de casa... –de repente la miró inquisitivamente–. ¿Va todo bien entre vosotros?

- ¡Sí!, de verdad. No te preocupes –decidió sincerarse un poco con su suegra–. Es que pensaba en mis padres.

- ¡Ay hija! –exclamó ella, dejando delante de Alba una taza de café y el azúcar–, me imagino por lo que estás pasando. ¡Qué pena debes tener!

- Pues... sí. Está siendo duro –reconoció ensimismada–. Nunca he tenido muy buena relación con mi padre, pero me importa mucho su opinión. Y mi madre es incapaz de enfrentarse a él.

- La echas de menos, ¿verdad? –preguntó Adelaida, cogiéndole la mano por encima de la mesa de la cocina.

- Sí –reconoció Alba a su pesar–. Pensaba... –de nuevo empezaron a rodarle las lágrimas por las mejillas–, pensaba en qué hubiese hecho estos meses si tú no hubieses estado.

- Pues hija, ¡te hubieses apañado!, como todos –la animó su suegra, visiblemente emocionada–. Tú eres fuerte y sabes lo que quieres. Saldrás adelante sin dudarlo. Me hacéis más falta vosotros a mí, que yo a vosotros –Adelaida comenzó a pestañear para que no le cayesen las lágrimas–. ¡Anda!, deja de llorar, que vas a despertar a la niña.

- Jesús me dijo que te animaste a operarte al enterarte de que esperábamos un hijo –dijo Alba, con miedo de estar yendo demasiado lejos con su suegra.

- ¡Ay! –suspiró ella, secándose los ojos con el trapo de cocina–. No es que decidiese operarme entonces, es que decidí empezar a cuidarme. Llevo muchos años de amargura. Con los hijos que pude haber tenido, y la muerte de mi marido, y con la gordura, la diabetes... Con la vida que llevaba. Nada me hacía ya especial ilusión. Me abandoné. Me daba lo mismo el futuro. Mi doctora me dijo "es usted su mejor aliado, no se convierta en su enemigo", y qué razón tenía.

Alba seguía quieta en su silla, llorando en silencio. Miraba atentamente a Adelaida, sin atreverse a interrumpirla.

- Cuando me enteré de que estabas embarazada –continuó– me imaginé a mí misma incapaz de cuidar a mi nieto, o de correr por la calle detrás de él. O ciega, sin poder verlo. O impedida en una silla, siendo un estorbo para vosotros. Eso fue lo que me decidió. No fue por tu hija. Lo decidí por mí. Y me alegro mucho. En estos meses he perdido 13 quilos, y me encuentro mejor, pero no es suficiente. Ya sabes que en dos semanas me ingresan para operarme. Sólo espero que todo vaya bien. Estoy un poco asustada.

- Claro que todo irá bien –la animó Alba sin poder evitar abrazarla–. Y nosotros estaremos allí para apoyarte.

Magda

Magda se miró detenidamente en el espejo del baño después de maquillarse. Tenía unas pequeñas arrugas alrededor de los ojos. Y también en las comisuras del labio superior. Como su madre, pensó. Observó sus manos. Eran manos sanas, de dedos rectos y uñas bien cuidadas. Esperaba que las arrugas fuesen la única herencia materna. Volvió a contemplarse en el espejo y su imagen le resultó muy agradable. Todavía no le asustaba hacerse mayor, con 41 años se sentía en uno de sus mejores momentos de la vida. Mucho mejor que un año atrás. Ya había pasado un año. Y en los últimos seis meses se mantenía en un peso estable, sin grandes esfuerzos.

Se había puesto la blusa de colores, con los pantalones negros ajustados. Dudaba entre el colgante negro o la gargantilla. Finalmente se decidió por el colgante, con los pendientes a juego. En conjunto, su estilo resultaba despreocupado, pero recatado a la vez. Al fin y al cabo sólo era una cena de compañeros de carrera. Deseaba estar guapa, pero no quería que nadie pensara que buscaba algo... En esas reuniones había mucho tiburón suelto. Iría sola, porque Esther estaba enferma y no podía quedarse con las niñas. A Fernando no le había supuesto un gran trauma quedarse de canguro, no le gustaban mucho sus amigas de la carrera, sobre todo Amelia. Estaba como una cabra, la pobre. Pero era divertida, le hacía reír. Aunque para eso ya tenía a Nina.

Se miró de perfil. Nunca había tenido mucho pecho, aunque tampoco era pequeño. Lo consideraba de tamaño medio. Sin embargo, con la edad habían mejorado. En realidad era el único cambio físico positivo que había obtenido con los embarazos. Se levantó la parte inferior de la blusa y se subió un poco más los pantalones, tirando de las presillas. Le gustaba mucho cómo le sentaban. Con el ejercicio se le había puesto un culo estupendo, y había recuperado su cintura de antaño. Lo sacó un poco hacia atrás y lo movió con coquetería.

- Hummm... No sé si debería dejarte ir sola a esa cena –dijo Fernando sorprendiéndola. Estaba apoyado en el marco de la puerta del baño, mirándola con los ojos entrecerrados.

- ¡Ah! —exclamó ella sonrojándose intensamente—. ¡Qué susto!, ¿cuánto tiempo llevas ahí? —preguntó alarmada.

- ¿Estabas practicando para esta noche? —preguntó a su vez él con voz ronca, sin responderle.

- Quién sabe... —murmuró Magda, notando que disminuía su rubor, al detectar el efecto que había causado en su marido.

- Por mí puedes seguir, el espectáculo era fantástico... —añadió con sensualidad.

- ¡Estás tonto! —volvió a exclamar ella, sin poder reprimir una sonrisa—. Sólo me estaba subiendo los pantalones.

- Claro... —susurró Fernando situándose detrás de ella, acariciándole las caderas—. Si quieres yo te puedo ayudar... Soy experto en ajustar pantalones.

- No me hace falta nadie para ponerme los pantalones —respondió Magda con un hilo de voz, sensible a los besos que le daba Fernando en el cuello—, pero quizá luego, para quitármelos...

- ¿Y voy a tener que esperar mucho? —preguntó él intensificando sus caricias—, tus amigas nunca tienen prisa por volver a casa.

- Depende... —musitó Magda mimosa, deteniendo las manos de su marido, que lentamente escalaban desde su cintura—. Esta noche soy una mujer libre. No tengo límites, ni ataduras, ni compromisos. Y... ¡si no me voy ya, voy a llegar tarde! —añadió con sorpresa al mirar su reloj de pulsera.

- Está bien —asintió Fernando con desilusión, sacando las manos de debajo de su blusa—, no quiero que llegues tarde a la reunión con tus amiguitas. Te dejo que acabes — añadió saliendo del baño.

- Lo siento —se disculpó Magda, un poco arrepentida de haber rechazado a su marido, mientras guardaba apresuradamente sus cosas en los cajones del lavabo—. Te compensaré...

- Por cierto, mujer libre —dijo Fernando asomando de nuevo la cabeza por la puerta—. Tus hijas te esperan en la cama para darte las buenas noches.

- Ya voy —respondió Magda saliendo del baño y apagando las luces— ¿Me pides un taxi?, por favor...

Álvaro

Inés estaba un poco emocionada. Aunque le costaba reconocerlo, no pensaba nunca que Álvaro fuese a participar en un evento deportivo. A Vicente le hubiese gustado asistir, pero de nuevo estaba por Francia. Le había pedido que lo grabase en vídeo, pero la cámara de su móvil era bastante mala, y a decir verdad, cuando intentaba grabar algo, acababa teniendo la sensación de que se perdía la vivencia de lo que quería inmortalizar.

- Mami –dijo Miguel–, tengo sed.

- Toma –ofreció ella, sacando una botella de agua del bolso.

- ¡No te la acabes! –gritó Sara a su hermano.

- Déjalo –dijo Inés molesta–. Tengo otra botella. Y siéntate, por favor.

- Me aburro –se quejó la niña–, ¿quedan galletas?

- Ya habéis merendado antes de entrar –le reprendió su madre–. Ahora ten un poco de paciencia y, cuando haya acabado tu hermano, nos vamos.

- ¿Por qué no sale ya? –volvió a preguntar Sara, poniéndose de pie e intentando hacerle una trenza a su madre, con tres mechones de pelo.

- Ahora enseguida sale –le respondió Inés un poco agobiada–. Y siéntate ya, ¡por favor!, que estás molestando a esa señora.

- ¡Jo! –exclamó, recostando la cabeza sobre las piernas de su madre.

- ¡Ya sale! –exclamó Inés en voz más alta de lo que le hubiese gustado, lo que provocó que algunas personas de la fila de delante se volviesen para mirarla.

- No lo veo mamá –protestó Miguel, estirando de la manga de Inés.

- Ven –dijo, apartando a Sara, y poniéndolo sobre sus rodillas–. ¿Lo ves allí?, al fondo, esperando su turno en la fila –añadió, señalando con el dedo.

- ¡Sí! –gritó contento Miguel, lo que provocó que su hermana se pusiera de pie para verlo también.

El recinto estaba a rebosar, de niños, padres, abuelos... Era la competición anual entre los diferentes polideportivos de los barrios de la ciudad. Resultaba tedioso estar allí esperando tanto rato, con los pequeños. Y de las carreras que había presenciado desde que habían entrado, ni se había enterado. Pero al fin le tocaba a él. Inés vio que la fila en la que estaba Álvaro se dirigía hacia el público, para colocarse en las posiciones de salida.

Su hijo sólo llevaba un año yendo regularmente a nadar, así que no se hacía muchas ilusiones. Pero una de las madres le había dicho en la entrada que los distribuían por categorías, según el nivel que tenía cada uno, así que, interiormente, albergaba alguna esperanza. Intentó grabarlo en vídeo, aunque Miguelito no se lo ponía fácil. Finalmente le sacó unas fotos. Vicente tendría que conformarse con eso. Su padre se iba a reír al verlo con el gorro de baño.

Lo observó detenidamente cuando lo tuvo cerca. Había crecido siete centímetros en un año, y sólo había ganado dos quilos. Le quedaba bien el bañador, aunque reconoció que aún le sobraba peso. Pero el cambio era notable. Se sintió orgullosa de él y de sí misma. No le importaba que Álvaro no ganase una medalla. Con lo que habían conseguido hasta ahora, se daba por satisfecha.

Pero... ¿por qué no podía su hijo ganar también una medalla? Miró a sus competidores. Había dos niños muy poquita cosa, que más bien le dieron lástima. Otros tres eran de constitución intermedia, pero más bajitos que Álvaro. Finalmente habían dos, más altos que su hijo, y uno de ellos claramente atlético. Inés se desilusionó anticipadamente. ¡Da igual! Lo importante es que participe, pensó, tratando de engañarse.

Cuando se dio la señal de salida, todos se lanzaron al agua de cabeza. El estilo de Álvaro la dejó boquiabierta. A los pocos segundos, tres nadadores empezaron a desmarcarse del resto. ¡Y uno de ellos era él! Inconscientemente Inés estiró el cuello, para no perder detalle. Los tres mantenían un buen ritmo, y a cada instante ponían más distancia con los demás. Uno de los nadadores estaba casi llegando al otro extremo de la piscina, mientras que su hijo y el otro niño le seguían prácticamente en la misma posición. El primero de ellos dio la vuelta y salió de nuevo a la superficie, empezando a nadar con rapidez. Álvaro y su competidor dieron la vuelta casi al unísono y persiguieron al que iba en cabeza.

- ¡Mami! –se quejó Miguelito–, me haces daño.

- Lo siento hijo –se disculpó ella, aflojando las manos con que tenía agarrados los brazos del pequeño.

Álvaro se estaba acercando a la primera posición. El corazón de Inés latía con fuerza, presa de la emoción. ¡Iba a ganar!, su hijo iba a ganar. Los últimos segundos de la carrera se le hicieron interminables, tenía los puños cerrados y los dientes apretados. Álvaro nadaba ahora a una velocidad que a su madre le pareció supersónica... pero el otro muchacho fue más veloz. Llegó el segundo, a tan sólo medio cuerpo del vencedor.

Inicialmente se sintió decepcionada, pero al instante se odió por ello. Estaba orgullosa, y mucho, de su hijo. Un año atrás ni se le hubiese ocurrido pensar en una situación así. Sara saltaba y aplaudía a su lado. Entonces escuchó por megafonía el nombre de los tres vencedores, ¡y los tres tenían trofeo! Sintió un profundo alivio. Sabía que a su hijo le iba a sentar muy bien eso de ganar una medalla. Decidió que ya había tenido bastante espectáculo. Se levantó y, cogiendo a los niños de la mano, salió a trompicones de las gradas, para dirigirse al vestuario, y abrazar a su hijo mayor.

www.ingramcontent.com/pod-product-compliance
Lightning Source LLC
Chambersburg PA
CBHW031827170526
45157CB00001B/207